周期表

| 11 | 12 | 13 | 14 | 15 | | | 周期 |

hPa

液体　単体は固体
性状は不明)

								2He ヘリウム 4.003	1

| | | 5B ホウ素 10.81 | 6C 炭素 12.01 | 7N 窒素 14.01 | 8O 酸素 16.00 | 9F フッ素 19.00 | 10Ne ネオン 20.18 | 2 |

| | | 13Al アルミニウム 26.98 | 14Si ケイ素 28.09 | 15P リン 30.97 | 16S 硫黄 32.07 | 17Cl 塩素 35.45 | 18Ar アルゴン 39.95 | 3 |

| 29Cu 銅 63.55 | 30Zn 亜鉛 65.41 | 31Ga ガリウム 69.72 | 32Ge ゲルマニウム 72.61 | 33As ヒ素 74.92 | 34Se セレン 78.96 | 35Br 臭素 79.90 | 36Kr クリプトン 83.80 | 4 |

| 47Ag 銀 107.9 | 48Cd カドミウム 112.4 | 49In インジウム 114.8 | 50Sn スズ 118.7 | 51Sb アンチモン 121.8 | 52Te テルル 127.6 | 53I ヨウ素 126.9 | 54Xe キセノン 131.3 | 5 |

| 79Au 金 197.0 | 80Hg 水銀 200.6 | 81Tl タリウム 204.4 | 82Pb 鉛 207.2 | 83Bi ビスマス 209.0 | 84Po ポロニウム (210) | 85At アスタチン (210) | 86Rn ラドン (222) | 6 |

| 111Rg レントゲニウム (280) | 112Cn コペルニシウム (285) | 113Nh ニホニウム (286) | 114Fl フレロビウム (289) | 115Mc モスコビウム (288) | 116Lv リバモリウム (293) | 117Ts テネシン (294) | 118Og オガネソン (294) | 7 |

| 64Gd ガドリニウム 157.3 | 65Tb テルビウム 158.9 | 66Dy ジスプロシウム 162.5 | 67Ho ホルミウム 164.9 | 68Er エルビウム 167.3 | 69Tm ツリウム 168.9 | 70Yb イッテルビウム 173.0 | 71Lu ルテチウム 175.0 |

| 96Cm キュリウム (247) | 97Bk バークリウム (247) | 98Cf カリホルニウム (252) | 99Es アインスタイニウム (252) | 100Fm フェルミウム (257) | 101Md メンデレビウム (258) | 102No ノーベリウム (259) | 103Lr ローレンシウム (262) |

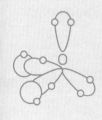
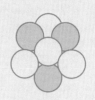
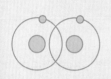

「量子化学」のことが一冊でまるごとわかる

Katsuhiro Saito

齋藤勝裕　著

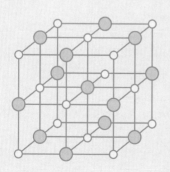
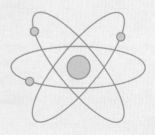

ベレ出版

● はじめに ●

　人類の歴史は石器時代から青銅器時代を経て鉄器時代の現代に至ります。青銅も鉄も金属であり、銅とスズを混ぜて青銅を作るのも、鉄の酸化物である鉄鉱石を還元して金属鉄を得るのも、全ては化学反応であり、化学の知識が無ければ出来るものではありません。

　このように人類はその黎明期から化学を操ってきたのです。中世に盛んになった錬金術も同様です。錬金術というと妖しげな魔法のように思われがちですが、真面目で敬虔な錬金術師たちは真剣に物質の変化を追及し、実験に実験を重ねて今日の化学、延いては科学の礎を作ってくれたのでした。

　そのような歴史の中で化学者は研究を重ね、ついに物質の根源である原子に到達しました。しかし、究極の微粒子である原子は、肉眼で見ることのできる物ではなく、人間はそれを空想するだけでした。つまり空想の原子を操って化学反応を行なっていたのですから、霧の中でピクニックをするようなものです。全ては想像と推論です。

　人類はそのような漠然として曖昧な状態の中で手探りに実験を重ねることで実験事実を重ね、知識を蓄積してきました。それが19世紀末までの化学界の姿でした。

　ところが20世紀の鐘が鳴った途端、化学界は激震に見舞われました。この時、後の科学界を根底から覆す二大理論「相対性理論」と「量子論」が相次いで誕生したのです。相対性理論は宇宙を相手にする、いわば無限大世界を研究対象とする理論です。それに対して量子論は原子、電子等の微小粒子を相手にする、いわば無限小世界を研究対象とする理論です。

量子論はやがて研究対象を原子、電子に絞って「量子化学」として発展を開始しました。この時から化学に"理論"が取り入れられたのです。それまでの、理論無しにやみくもに実験を重ねる方法論から、理論的に考え、理論的に実験する方法論に切り替わったのです。

　この方法論を大きく進めたのが1950年代に開発された「分子軌道理論」です。そして1970年代に入ると「軌道対称性の理論」が現れ、全ての化学現象は霧が晴れた白日の下に晒されたのでした。

　現代化学は量子化学的な考察無くして一歩も前に進むことはできません。全ての化学的理論は量子化学を基に組み立てられ、全ての化学実験は量子化学を基にその意味を吟味されます。

　本書はこのような量子化学をわかりやすく、易しく楽しくご紹介したものです。執筆の基本姿勢は「数学を除く」、いわば「数学フリーの量子化学」を目指すというものです。とは言うものの、ページをめくると、特に最初の部分には数式が目立ちます。

　しかし、その数式は「形がモノモノシイ」だけで、実は四則演算を行なっているだけです。落ち着いて読んで頂ければ「ナーンダ」というようなものです。何でしたらこの部分は読み飛ばしても構いません。後半に入ると数式はありません、図だけです。この「図で考える」のが軌道対称性の理論の本質なのです。

　皆さまに本書によって、量子化学の世界で理論化学を楽しんで頂くことができれば、大変に嬉しい限りです。

令和2年4月　齋藤 勝裕

CONTENTS

第Ⅰ部 量子力学

第1章 量子化学とは

第2章 直線上の粒子運動

第Ⅱ部 量子化学と原子・分子構造

第3章 原子構造

第Ⅲ部　量子化学と分子の物性・反応性

第7章　共役系の分子軌道

第8章　分子の物性と分子軌道

第9章　分子の発光、発色と分子軌道

第10章　熱反応と光反応

付録の章

二次元・三次元空間の粒子運動

第 I 部 • 量子力学

第1章

量子化学とは

ニュートン力学で
解決できない現象を解決する

—— 量子化学とは

　人間はその誕生のときから太陽に支配されて生きてきました。朝には東から太陽が昇り、夕べに太陽が西に沈みます。太陽が沈むと月が現れ、日によって形を変えながらやはり東から昇って西に沈みます。月のバックには夥しい個数の星がありますが、それは北の天空にある北極星を中心にして円弧を描いて回転します。

● 天動説と地動説

　このような天の太陽、月、星の運航を見て、これは「太陽、月、星が天空を動いている」からだと思うのは当たり前なのではないでしょうか。古代の人々は押しなべて天体は動くものだという「天動説」を真実と思って疑いませんでした。

　ところが16世紀に入って大航海時代になると、航海のための精密な天体観測が必要となり、観測機器も発達しました。その結果を解析すると、天動説では説明できない現象があることに気付いたのがコペルニクスやガリレイなどでした。彼らは動いているのは天体ではなく、地上、つまり地球であるとして地動説を唱えました。

　始めは頑強な宗教論者に反対されましたが、やがて地動説はま

ぎれもない事実であると物理学界に認められるようになりました。

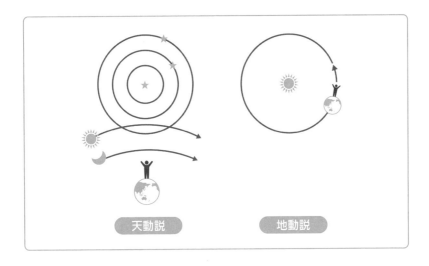

天動説   地動説

● ニュートン力学

　1687年、イギリスの産んだ偉大な科学者ニュートンは一般に
『プリンキピア』と呼ばれる物理学の総論を発表しました。当時、
日本でいえば徳川五代将軍綱吉が「生類憐れみの令」を発し、そ
れまで戦国時代の生々しさが残っていた世の中が、ようやく和や
かさを取り戻そうとしている頃でした。

　プリンキピアは当時確立されていた静力学的体系に、重力に
よって起こる動力学的体系を加えて、全ての力学体系を一体のピ
ラミッドにまとめた、人類史に残る偉大な業績でした。

　以来、自然界、人間界、全ての世界で起こる全ての物理的事象
は「プリンキピア」にまとめられたニュートン力学で解析できる
ものと信じられ、実際、全ての事象はニュートン力学で「完璧」
に解析、解釈されてきました。

20世紀初頭の物理学者の一人は次のように言っています。「物理学の世界は晴れ渡った青空のようなものである。雲は一片もない。ただ、わずかばかりの気になる影がある」

　この影が、それに続く、20世紀初頭に起こった物理学界をひっくり返す理論を暗示していたのです。

● 相対性理論と量子力学

　物理学者の言った「わずかばかりの影」というのはその頃明らかになった「光子と電子の相互作用」と「原子構造」に関する、実験事実と理論との食い違いのことでした。

　20世紀初頭、この「わずかばかりの影」を払うために現れたのが、20世紀を代表する偉大な二つの理論だったのです。その一つはドイツの科学者アインシュタインによって提唱された「相対性理論」であり、もう一つは「量子力学」でした。量子力学は何個もの偉大な頭脳が集まって紡ぎ出した理論であり、一人の個人に帰せられる理論ではありませんでした。

　相対性理論は、簡単に言えば、「天体も地球も皆動いている。運動は相対的なものだ」という考えです。それに対して量子力学は「物質の運動は偶然だ。何が起こるかは確率による」という、開き直ったような考えです。

　両方の理論が自然現象を相手にして論理を広げていくと、両者の考えは手を結ぶことがわかりました。量子力学は電子、中性子、原子などという極小の世界を相手にします。それに対して相対性理論は光速、中性子星、ブラックホールなどの極大、無限の世界を相手にします。その両者が、両極端の中性子、ブラックホール

の解析で手を結ぶことがわかったのです。

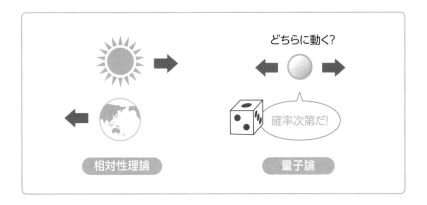

● 量子化学

　量子力学は光子、電子、陽子、中性子、原子核、原子、分子等の極小の粒子の運動を解析するために現れた理論です。そしてこのような極小粒子を扱う研究領域は化学です。ということで、量子力学は早速化学の世界に応用され、理論も拡大精密化されていきました。

　このようにして確立された量子化学は、当時ラザフォード、ボーアによって提出された観念論的な原子像を量子論的な実証的な原子像に改革し、複雑で理論的な解析を拒んでいた分子の構造、反応性を分子軌道法という切れ味のよい理論で解析する道を開き、現在の万能ともいえるような化学時代を開いたのです。

　このように、「量子化学」は「量子力学」を化学に応用した研究領域です。そのため、量子化学を見る前に、量子力学を眺めておいた方が、量子化学の基礎をよく理解できるようになります。ということで、この第Ⅰ部は量子力学を眺めることにしましょう。

微粒子はとびとびの値しか とることができない

—— 量子とは

量子力学は、有名なアインシュタインの「相対性理論」と同時期、つまり20世紀初頭に突如現れ、それと同時に開花し、相対性理論とともに現在も咲き続けている現代の自然科学を支配する両輪の偉大な花といえる理論です。

● 量子力学の前夜

ニュートンが『プリンキピア』（1687年）によって「ニュートン力学」を発表して以来200年間、宇宙の出来事は、恒星の運動から風に舞う花びらの動きまで、ことごとくがニュートン力学によって支配され、解明されるものと信じられてきました。

ところが1900年代に入ると、ニュートン力学に影が忍び寄ってきました。その契機となったのは光電効果という、電子と光の相互作用でした。この現象は、ニュートン力学では解明することが困難だったのです。1905年にはドイツの科学者アインシュタインが、有名な哲理「質量mとエネルギーEは同じもの」という考えのもとに光速度cを定数として

$$E = mc^2$$

という有名な式を発表しました。これを契機として物理学界は天地がひっくり返るような激変に見舞われたのでした。

● 量子化

その一つが量子化の考えでした。

ニュートン力学でどうしても解明できなかった問題に原子構造がありました。当時の原子構造はイギリスの科学者ラザフォードが1911年に提出したラザフォードの原子模型といわれるものでした。**これはプラスの大きな電荷を持った粒子（原子核）の周りをマイナスの電荷を持った粒子（電子）が円周軌道を描いて回るというものでした。**

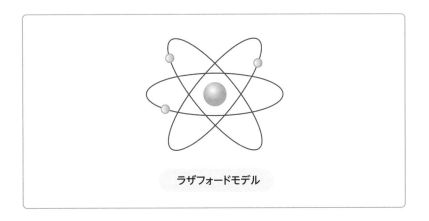

ラザフォードモデル

ところが電磁気学によれば荷電粒子の周りを回る荷電粒子はエネルギーを放出し、そのため軌道はらせんを描いて縮小し、最終的には中央の粒子に衝突するというものでした。これでは原子は中性子になって消滅してしまいます。

ところがこの問題を一発で解決する仮説が飛び出したのです。

それはデンマークの科学者ボーアが1913年に提出した、後に
ボーアの「量子条件」と呼ばれることになる仮説でした。

　これは電子の角運動量pが$\dfrac{h}{2\pi}$、(hはプランクの定数と呼ばれ、
物理で非常に大切な定数です。本書でもしばしば出てきます）と
いう単位量の整数倍、すなわちnを正の整数とした時、

$$p = \frac{nh}{2\pi}$$

という量で表されるものでした。

　この考えは画期的なものでした。それまで角運動量は連続量で
あり、1でも1.01でも100.53でも、好きな量をとることができ
ると考えられていました。しかし、実はそうではなく、$\dfrac{h}{2\pi}$とい
う単位量の整数倍という、とびとびの値しかとることができない
というのです。

　この単位量を「量子」と呼ぶことにして、これが「量子論」の
名前の由来となりました。そしてこのnを「量子数」と呼ぶこと
にしました。

● 量子数

　量子の考えは、次のような例えで考えるとわかりやすいでしょ
う。水道の蛇口から流れ出る水は連続量です。どのような量でも
自由に汲み取ることができます。しかし、自動販売機で売ってい
る水は500mL単位です。400mLだけ欲しくても500mL買わな
ければならず、800mL欲しかったら2本（1000mL）買わなけ
ればなりません。これが量子化です。

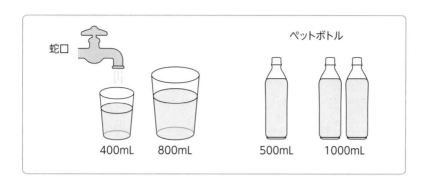

　自動車の速度で考えてみましょう。日常世界ならどのような速度でも出すことができます。しかし量子化された世界では違います。ここでは速度は例えば30km/h単位で量子化されているのです。つまり止まっている自動車（$n = 0$）は動き出した途端に30km/h（$n = 1$）であり、もう少し速くと思うと60km/h（$n = 2$）となり、追い越すために速度アップしようと思うと制限速度を超えた90km/h（$n = 3$）となって、パトカーとの競争になってしまいます。つまり自動車の速度は量子数をnとすると$n \times$30km/hで規定されていることになります。

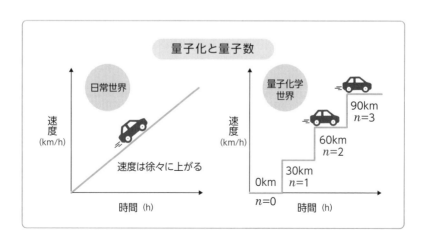

● 量子数の種類

　お金の硬貨やお札も量子化されています。小さい単位は1円単位、すなわち$n_壱 \times 1$円、その上は10円単位、つまり$n_拾 \times 10$円、そして$n_百 \times 100$円、$n_千 \times 1000$円、$n_万 \times$万円と単位は切り上がっていきます。この場合は、$n_壱$、$n_拾$、$n_百$、$n_千$、$n_万$などが全て量子数であると考えることができます。つまり、お金の場合には量子数が何種類もあるのです。

　ただし、このような「量子」が明瞭な形で現れるのは光子、電子、原子、分子などという極小の微粒子の世界においてだけです。その後、研究が進むと「量子」という単位量が存在するのは角運動量だけではなく、「エネルギー」、更には「角度」にまで存在することが明らかになりました。

● 空間の量子化

　角度の量子化というのは、わかりにくいと思いますが、コマの運動で考えるとわかりやすいでしょう。回っているコマが回転速度を落として止まりそうになると軸が傾いて歳差運動、つまりミソスリ状態になります。この時の軸の角度θは、私たちの社会では連続的に変化しますが、微粒子の世界では、角度を15度、30度、45度等のとびとびの値にすることしか許されないということです。

　これは、粒子が空間において存在できる場所は限られているということを意味します。例えば、霧は水の微粒子でできています。霧の粒は空間のどこにでも広がることができるように見えますが、

実はそうではありません。雲を見てみましょう。雲は霧と同じ物ですが、空の限られた一角に、独特の形をして浮かんでいます。

　電子や原子等の微粒子も、空間の特定の位置にだけ存在できるのです。これを一般に空間の**量子化**といいます。

　この考えは、後に明らかになる「軌道（電子雲）の形」として視覚化されることになりました。

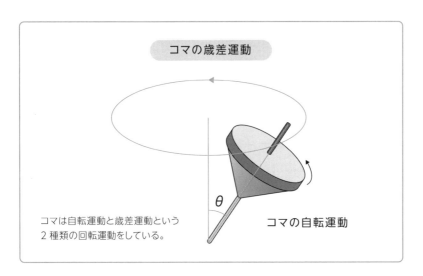

コマの歳差運動

θ

コマは自転運動と歳差運動という
2種類の回転運動をしている。

コマの自転運動

2つの値を同時に正確に 決定することはできない

──ハイゼンベルクの不確定性原理

　量子の考えを契機に、ニュートン力学とは全く異なる概念が次々と提出されました。その一つは1927年にドイツの科学者ハイゼンベルクによって提出された「ハイゼンベルクの不確定性原理」でした。

　これは微粒子の世界では「位置とエネルギーを同時に正確に決定することはできない」というものです。粒子の持つエネルギーを正確に表現しようとしたら、その粒子の位置はアイマイにならざるを得ないというものです。

　この原理は式で示すと次のようになります。つまり位置の測定誤差を$\varDelta P$、エネルギーの測定誤差を$\varDelta Q$とした時、両者の積は$\dfrac{h}{4\pi}$より大きいというものです。

$$\varDelta Px \, \varDelta Q > \frac{h}{4\pi}$$

　hはプランクの定数であり、当然0ではありません。したがってこの式は、もし$\varDelta Q = 0$としたら、$\varDelta P$は無限大になる。つまり、エネルギーを正確に決定したら、位置の誤差は無限大、つまり全くわからなくなる、ということを示しているのです。

● 不確定性原理の例え

　これは記念写真で考えるとよくわかります。鎌倉に旅行して、鎌倉の大仏様の前で記念写真を撮ったとしましょう。大仏様と友人を一緒の写真に収めようとします。この時、昔の「ニュートンカメラ」で写真を撮ると、大仏様も旅行者もそれなりに写りますが、ピントは甘くて細部は不明瞭です。

　ところが最新式の「量子カメラ」で撮ると違います。大仏様に焦点を合わせると、大仏様はクッキリと写りますが友人はボケます。友人に焦点を合わせると大仏様がボケてしまいます。つまり量子カメラでは大仏様と友人という「二つの量」を同時に正確に決定することはできないのです。

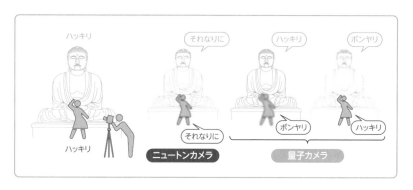

　現代化学は電子の働き、つまり粒子運動をエネルギーで表現します。すると、その粒子がどこにいるかはわからなくなるということです。つまり、電子の存在する位置、平たくいえば原子の形、分子の形は、およその形、確率的な形でしか表現できなくなるということです。これが原子や分子の話で必ず出てくる「電子雲」を導き出したのです。

電子の位置は確率でしか 表すことができない

—— 存在確率

　ラザフォードとボーアの原子モデルは、電子は原子核の周りにある円形の軌道（orbit）の上を電車のように走り回るというものでした。しかし、現代の私たちが持っている原子モデルでは、電子は電子雲と呼ばれる雲のようなもので、それは軌道（orbital）と呼ばれる入れ物のような物に入っている、というものです。英語ではorbitとorbitalというように名前が変わっているのに日本語では変わらずに軌道とされているのは、きっと、適当な訳語が見つからなかったせいでしょう。ちなみに漢字の国、中国でも、両方とも軌道と訳されているそうです。

　なぜ、粒子である電子が電子雲と呼ばれる「雲」のようになるのでしょうか。ラザフォードとボーアの原子モデルでは、orbitと呼ばれた軌道がなぜorbitalと名前を変えたのでしょう。それはこの不確定性原理に原因があります。

● 電子雲の例え

　電子雲の形を例えで考えてみましょう。電子雲は電子を雲で例えて表したものです。雲は無数の水滴からできています。このような水滴の集合が「雲の形」になることは理解できます。しかし

水素原子には電子は1個しかありません。この1個の電子が雲の形になるというのはどういうことでしょう？　電子が膨らむのでしょうか？

　電子は原子核の周りを不定期に動き回っていると考えられます。原子の定点写真を撮ってみることにしましょう。画面の中心には常に原子核があるものとします。写真No.1では電子は原子核の右上にいます。No.2では左です。このようにして何万（n）枚かの写真を撮り、最後にこのn枚の写真を重ね焼きします。すると電子が重なって、まるで雲のように写るでしょう。これが電子雲です。

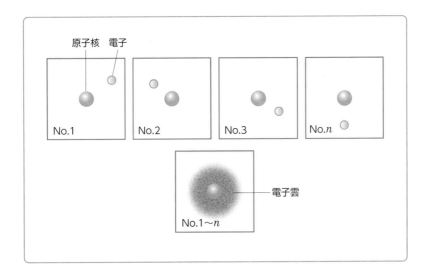

　つまり電子がいる確率（存在確率）の高い所は雲が厚く、存在確率の低い所は雲が薄くなるのです。

　存在確率は正確にはグラフで表されます。そのグラフには、微小単位体積の中に存在する確率と、単位球殻内に存在する確率を

表したものがあります。**単位球殻内に存在する確率が最大になっ**
た距離r_0を電子雲の半径r_0といいます。

量子論で決定的にいえるのはエネルギーだけです。その他のも
のは確率でしか表現できないのです。

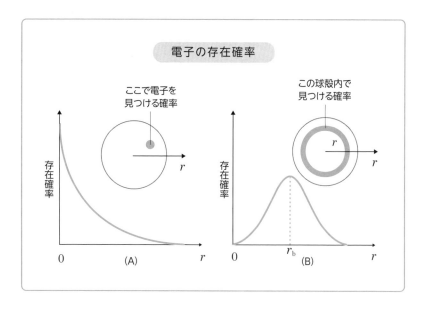

上図 B のr_bを**原子半径**といいます。つまり原子の大きさは電
子雲の大きさであり、その電子雲は原子半径を越えた所にまで広
がっているのです。電子雲の中心には原子核という、プラスの電
荷を持った原子核が存在しますが、原子核の直径は原子直径のお
よそ1万分の1に過ぎません。つまり、原子核を直径1cmのビー
玉とすると、原子は直径1万cm、つまり直径100mの巨大球に
なるのです。

#

微粒子は量子の性質と 波の性質の両方を持っている

—— 粒子性と波動性

ラザフォードの少し後に現れた画期的な考えの最たるものはフランスの科学者ド・ブロイが1923年に発表した物質波の考えでした。この考えはあまりに突拍子のないものだったので、発表後も誰も相手にしないような理論でした。

● 物質波発見の契機

物質波の考えがド・ブロイの頭脳に浮かんだのは電子と光に関した一連の実験結果によるものでした。

次の図のように、霧箱と呼ばれる真空の箱の中に粒の揃った霧を立ち込めさせます。霧の粒子は重力に従って落下しますが、その速度は霧粒子の大きさが揃っているのでほぼ一定のvです。

この霧箱に通電します。すると霧粒子の落下速度に変化が現れます。その速度は$v + V$、$v + 2V$、$v + 3V$等々とv_0を単位として不連続に変化していたのです。

落下速度が速くなったのは、霧粒子に付着した電子と陽極間の静電引力に基づく現象です。そして速度がV、$2V$、$3V$と単位量で変化するのは、1個の霧粒子に電子が1個、2個、3個等と付着したことを示すものであり、電子が粒子であることを示す結果と

考えられます。

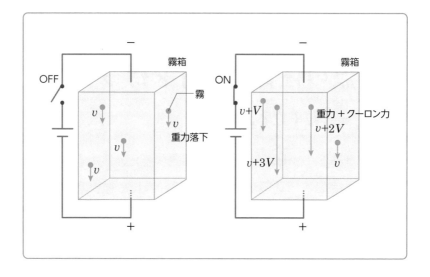

　次にヒントとなったのは光電管の実験でした。光電管というのは真空管の一種であり、陰極に外部から光を当てると電子が飛び出し、それが陽極に当たることで電気が流れるという装置です。この際に照射した光の量、光量と流れた電流の間によい比例関係のあることがわかりました。

　これは流れた電子の個数と照射した光の個数がよい対応を示した結果と考えることができ、光が電子と同じように粒子性を持っていることを示した結果でした。

昔の映画はフィルムの横に黒い縞が入っており、それを光電管で電流の強弱に換え、マイクに流して音声にしていました。このような仕組みをトーキーといいました。

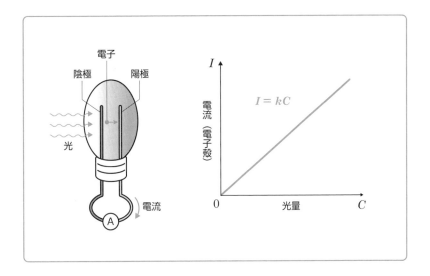

● 粒子性と波動性

　以上のことから**ド・ブロイは、全ての物質は粒子としての側面と、波（波動）としての側面を併せ持つと考えました。**波であるからには波長 λ（ラムダ）を持つはずですが、ド・ブロイによればその波長は

$$\lambda = \frac{h}{mv}$$

　　m：物質の質量
　　v：物質の速度

で表されます。

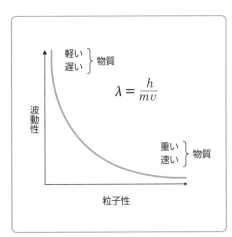

この式によれば、波長は、物質が重く、速くなれば短くなり、物質が軽く、遅ければ長くなることになります。ちなみに体重66kgの人が時速3.6km（秒速1m）で歩くとき、その人の波長は10^{-36}mとなります。

$$\lambda = \frac{6.6 \times 10^{-34}}{66 \times 1} = 1 \times 10^{-35} \, (\text{m})$$

これはあまりに短いものであり、実測することは不可能です。ですから、この人の波動性はほとんど無いということになります。それに対して電子の場合には質量10^{-30}kg、速度を秒速10^{8}mとすると波長は6.6×10^{-12}（m）となります。この波長はレントゲン写真を撮るX線の波長と同程度であり、十分、波として認識できる値となります。

つまり、人間も含めて全ての物体は波としての性質を持ちますが、それが意味を持つのは「電子や原子、分子」のような「極小物質」の場合だけであり、日常生活には無関係ということなのです。

● ネズミとスズメのアイノコ

粒子性と波動性は日常生活でいえば全く異なるものであり、粒子性と波動性を同時に持つなどといわれると、想像することもできなくなります。しかし、コウモリを説明するときに哺乳類であるネズミと、鳥類であるスズメのアイノコのようなもの、などと言うこともあるのではないでしょうか？

でもこれではコウモリ君に失礼です。コウモリはコウモリです。ネズミでもなければスズメでもありません。コウモリ君の性質の一面を説明するにはネズミを例にとると便利であり、他の一面を

説明する時にはスズメを例にとると便利だ、というだけのことです。

　光子、電子、原子、分子なども同じです。これらのある性質を説明する時には粒子を例にとると便利であり、他の性質を説明する時には波動を例にとると便利であるということです。決して粒子と波動が合体したような"キメラ"ではないのです。

　例えば、後の章で見る光化学反応は、分子1個と光子1個が衝突することによって起こります。この時は光を粒子と考えるとわかりやすいです。しかし、光は回折を起こして物体の周囲に回り込みますが、これは波と考えるとわかりやすいことになります。

電子の性質、挙動を方程式で表す

── シュレーディンガー方程式

波の挙動は**波動関数**という関数で表すことができます。電子や原子が波動の性質を持っているのなら、それらの挙動も波の関数、波動関数で表すことができるはずです。

● 波動関数

このような考えから導き出されたのが電子の波動関数であり、それは後に見る電子の軌道を表すことから軌道関数とも呼ばれることになります。

波動関数は ψ（プサイ、ギリシア文字の Ψ（プサイ）の小文字）で表されるのが慣例です。そのため、最初のうちは慣れないかもしれませんが、これは普通の見慣れた関数 $y = ax$ の y と同じものであり、何ら気にすることはありません。見慣れればいいだけです。

● シュレーディンガー方程式

1926年にオーストリア出身の科学者シュレーディンガーは電子の波動関数を求めるために考案された式を提出しました。それが量子力学、量子化学を代表するあまりに有名な式、シュレーディ

ンガー方程式**（1）でした。**

$$E\psi = H\psi \qquad (1)$$

　なんのことだ？　と思うでしょう。当然です。これでは「EとHは同じもの」ということになります。「何の意味も無い式ではないか？」とお思いでしょう。当然です。

　まず記号の意味です。ψは上で見たように波動関数です。Eはこの波動関数で表される粒子（電子）の持つエネルギーで、数学的には関数ψの**固有値**といわれるものです。

　問題はHです。これは数値ではありません。**ハミルトン演算子**といわれる演算子の記号なのです。演算子というのは、四則演算の演算子＋、－、×、÷などと同じように、計算の種類を表す記号です。演算子にはこの他に微分の演算子$\dfrac{d}{dx}$や積分の演算子$\int dx$などがありますが、ハミルトン演算子はちょっと複雑で、もう少しいろいろの要素が入っています。

● シュレーディンガー方程式の解法

　シュレーディンガー方程式は見慣れない式で、「何が何だかわからない」と思われる方もいるでしょう。そこで、簡単な例を用いてこの式の解法と意味を見てみましょう。中学、高校で習った見慣れた計算しか出てきませんので気楽に眺めてください。

　先の式で、もしHが2階微分演算子$\dfrac{d^2}{dx^2}$だったらψはどのような関数になるでしょうか？　要するに

$$-a^2\psi = \frac{d^2\psi}{dx^2}$$

です。この方程式はある関数 ψ を2回微分すると元の関数 ψ に戻ることを意味しています。この関係を満たす関数は幾つかありますが、身近な関数は三角関数です。$\psi = \sin ax$ としましょう。

すると

$$\frac{d(\sin ax)}{dx} = a\cos ax$$

となります。これをもう一回微分すると

$$\frac{da(\cos ax)}{dx} = -a^2\sin ax$$

つまり

$$\frac{d^2(\sin ax)}{dx^2} = -a^2\sin ax$$

となって、$\psi = \sin ax$ が戻ってきます。そして、固有値は $-a^2$ となります。

あまりに簡単な例で恐縮ですが、これが波動関数、シュレーディンガー方程式、固有値の関係です。

● エネルギーと存在確率

先に見たようにシュレーディンガー方程式において、E はエネルギーであり、ψ は関数です。したがって ψ にはプラスの領域とマイナスの領域があります。それに対して ψ を2乗したもの ψ^2 は2乗ですから全領域でプラスとなります。波動力学では ψ^2 は波の強度を表しますが、量子力学では粒子の存在確率を表すものと解釈します。先ほど見た電子雲のようなものです。

シュレーディンガー方程式（1）の両辺に前から ψ を掛けて積

分します。すると

$$\int \psi E \psi d\tau = \int \psi H \psi d\tau \qquad (2)$$

となります。ここで $\int d\tau$ は、関数が値を持つ全領域で積分する（全領域積分）ことを意味します。

　式（2）において E はエネルギーで数値なので、積分の前に出すことができます。すると

$$E \int \psi^2 d\tau = \int \psi H \psi d\tau \qquad (3)$$

　式（3）を変形すると

$$E = \frac{\int \psi H \psi d\tau}{\int \psi^2 d\tau} \qquad (4)$$

となります。ここで式（4）の右辺の分母 $\int \psi^2 d\tau$ は粒子の存在確率を全領域で積分した（集めた）ものですから、粒子の個数の1に等しくなります。これを規格化されているといいます。

$$\int \psi^2 d\tau = 1 \qquad (5)$$

　したがってエネルギーは

$$E = \int \psi H \psi d\tau \qquad (6)$$

という簡単な形で与えられることになります。

　あまりに簡単な関係で拍子抜けでしょうが、これが量子力学計算の中心です。つまりシュレーディンガー方程式がわかれば関数がわかり、関数がわかればエネルギーが求められるという仕掛けです。

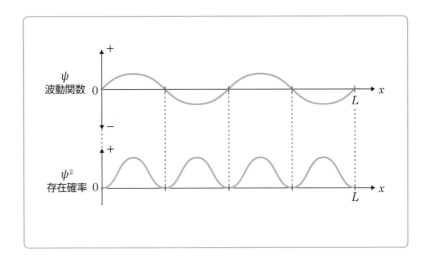

　波動関数 ψ は1乗の関数ですからプラスの部分とマイナスの部分があります。しかし ψ^2 は関数を2乗したものですから、全ての部分でプラスになります。後の章で詳しく見ることになりますが、ψ は電子雲の性質や反応性を表し、ψ^2 は電子雲の形を表しています。

第 2 章

直線上の粒子運動

量子力学の基本の基本

—— 直線上の粒子運動

　直線上、つまり一次元空間を動く粒子の運動を見てみましょう。読んで頂く前からこのようなことをいっては何ですが、これから述べることはさして大切なことではありません。本当に大切なのは、本章3節以降で見る「関数の形とエネルギー」です。

● 直線上の運動が大切な理由

　しかし、その関数やエネルギーがなぜ、どのようにして求まるのか？　ということがわからないと納得できないという方がきっとおられることでしょう。当然のことです。それこそが本当に学ぼうという気持ちの現れと思います。その様な方に納得できる説明をすることは本書の何より大切な役割と考えます。というわけで、シュレーディンガー方程式の最も基本、つまり一次元空間、つまり直線上の粒子運動に限ってだけ、数式の変化を示しておこうと思います。

　なぜ直線上（一次元空間）の運動だけ特別扱いするのかというと、その先に現れる平面上（二次元空間）あるいは立体空間（三次元空間）の粒子運動は、全て直線上の粒子運動の応用に過ぎないからです。

　一次元の粒子運動が理解できれば、それ以上の次元の粒子運動についてはフンフンと言って読むだけで理解できます。ということで、ここだけは少々数式が入ることをご容赦願います。といっても、黙って式を追えば済むだけの話です。

　忙しくてそれも嫌だという方は、1節と2節を飛ばして読み進んでも一向に構いません。

● 可動領域

　一次元空間というのは、一次元の間に特定された空間、つまり直線の一部を意味します。当然有限のはずです。つまり、粒子が動ける範囲を指定しなければ、解析のしようはありません。ここでは、粒子は直線上、つまりx軸上で、$x = 0 \sim L$の領域（$0 < x < L$）で動くものとします。

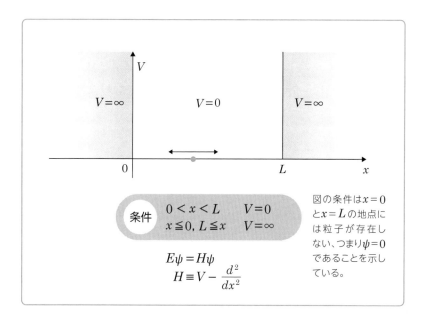

$$0 < x < L \qquad V = 0$$
$$x \leqq 0,\ L \leqq x \qquad V = \infty$$

条件

$$E\psi = H\psi$$
$$H \equiv V - \frac{d^2}{dx^2}$$

図の条件は$x = 0$と$x = L$の地点には粒子が存在しない、つまり$\psi = 0$であることを示している。

この粒子の可動範囲はエネルギーで指定されます。つまり、位置エネルギーが0より大きい領域には粒子は行くことができない、と考えるのです。そのためには、$0 < x < L$の範囲で位置エネルギー $V = 0$、それ以外の領域、つまり$x \leqq 0$と$L \leqq x$の領域では位置エネルギーが無限大であるとするのです。**つまり、$x = 0$と$X = L$の地点には粒子は立ち入ることはできないのです。これは後の境界条件として重要なことです。**

● シュレーディンガー方程式

そしてこのように粒子の運動に条件を付けるためにはシュレーディンガー方程式にその旨、断っておく必要があります。それには次式のように、ハミルトン演算子Hに位置エネルギーの項Vを加えて

$$H \equiv V - \frac{d^2}{dx^2}$$

とします。すると、**粒子が存在できる範囲では$V = 0$となり、今までと全く同じに計算することができることになります。**

● 一般解

先にシュレーディンガー方程式を満足する関数として$\sin ax$があることを見ました。しかし、全く同様にして$\cos ax$も方程式を満足することがわかります。そこで一般解として両関数の和（線形結合）である式（1）を作ることにします。ここでA、B、kは任意の係数とします。つまり、ψを求めるというのはA、B、kを決定する事、ということになります。

$$\psi = A\sin kx + B\cos kx \qquad (1)$$

● 条件 $x = 0$ で $\psi = 0$

まず、$x = 0$の地点で粒子は存在しないのですから、ここでは$\psi = 0$とならなければなりません。この地点では式（1）のサイン関数部分は$A\sin kx = A\sin k0 = A\sin 0 = 0$となって消滅しているのですから、$\psi = 0$となるためには残るコサイン部分が$0$にならなければなりません。つまり$B\cos 0 = B$ですから、$B = 0$とならなければなりません。つまり$\psi$はコサイン部分$B\cos kx$が消滅してサイン関数部分だけの式（2）となります。

$$\psi = A\sin kx \qquad (2)$$

初歩的なことですが、三角関数の定義によって sin0=0、cos0=1 となります。

量子数が出てくる理由を見てみよう

—— 量子数の出現

　ここまでの話を読んで頂ければ、式は難しいような顔をしているけれども、その実、決して難しい話ではないことがおわかり頂けると思います。

● 量子数の決定

　次に $x = L$ で $\psi = 0$ になるための条件を考えましょう。そのためには

$$A\sin kL = 0 \qquad (1)$$

とならなければなりません。この条件を満たすには、$A = 0$ か、あるいは kL が 0 度、180 度、360 度など、つまり $n\pi$（n は 0 を含む整数）となる必要があります。

　しかし、もし $A = 0$ とすれば $\psi = 0\sin kx = 0$ となって、x の値に関係なく全領域で 0 になってしまいます。これでは粒子が存在しないことになってしまうので題意に合わず、不合理です。したがって次式が成立する必要があります。

$$kL = n\pi \qquad (2)$$

ところで$n = 0$だとすると、この場合、題意よりLは0ではないので$k = 0$とならなければなりません。もしそうだとしたら$\psi = A\sin 0 x$となり、ψは常に0となり、これもまた題意に合わないことになります。したがってnは0を含まない整数ということになります。kは次式で与えられることになります。

$$k = \frac{n\pi}{L} \qquad (3) \quad (n \text{は} 0 \text{を含まない整数})$$

以上より、直線上を動く粒子の波動関数は次式となります。

$$\psi = A\sin\left(\frac{n\pi}{L}\right)x \qquad (4) \quad (n \text{は} 0 \text{を含まない整数})$$

● 係数Aの決定

これで前節の式（1）（p.39）の3つの係数A、B、kのうち、Bとkは決まりました。あとはAを決めるだけです。このためには先に見た規格化の条件を用います。つまり

$$\int \psi^2 d\tau = \int_0^L A^2\sin^2\left(\frac{n\pi}{L}\right)x\,dx$$
$$= \left(\frac{A^2}{2}\right)\left\{\int_0^L dx - \int_0^L \cos\left(\frac{2n\pi}{L}\right)x\,dx\right\}$$
$$= \left(\frac{A^2}{2}\right)(L-0) = 1 \qquad (5)$$

したがって

$$A = \sqrt{\frac{2}{L}} \qquad (6)$$

となりますから、関数は式（7）として決定されます。

$$\psi_n = \sqrt{\frac{2}{L}}\sin\left(\frac{n\pi}{L}\right)x \qquad (7)$$

波動関数の2乗は 粒子の存在確率を表す

—— 波動関数の形と存在確率

　量子化学で大切なのは式の演算ではありません。その結果出てきた結果です。演算は計算の好きな方に任せましょう。化学好きの方はその結果を利用してその応用を考えればよいのです。

● 関数の形

　次の図は先に求めた波動関数、前節の式（7）をグラフに表したものです。関数の上下幅は関数の係数である前節の式（6）によって規制されています。

　図を見てまず気付くのは量子数 n によって形が大きく異なることです。

- $n = 1$ では波動関数 ψ は $0 \sim L$ までくびれることなく続いています。当然、関数の値は全領域でプラスです。**このような関数は図の M（鏡面）に関して左右対称なので対称関数といい、記号S（Symmetry）で表現します。**

- $n = 2$ では中間点 $x = \dfrac{L}{2}$ でくびれています。つまり関数の値はプラスからマイナスに変化しています。**このような関数は左右非対称なので非対称関数といい、記号A（Asymmetry）で表現します。そして関数がサインを変える地点を「節」といいま

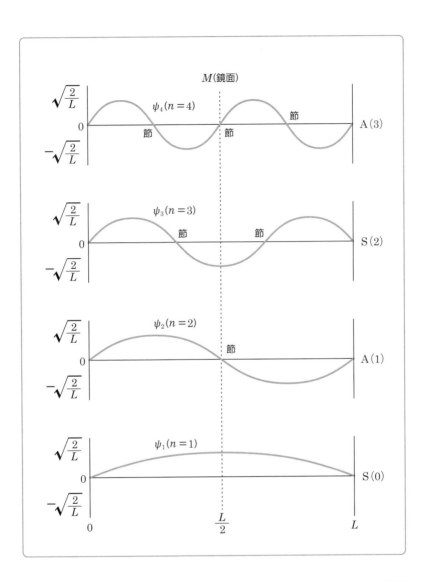

す。この関数では節の個数が1個なのでそれを表すために記号
A（1）で表します。

- n が増えるにつれて関数のサイン（プラス、マイナス）はより細かく入れ替わることになり、節の数は増えていきます。つまりS(0)→A(1)→S(2)→A(3) と規則的に変化していくのです。そしてS関数とA関数が交互に入れ替わることになります。

これらは単純で自明なことですが、後の章で見る原子、分子の構造や反応性に関係する重要なことですので、頭に残しておいてください。

● 存在確率の形

先に見たように波動関数の2乗は粒子の存在確率を表します。次の図はそれを表した物です。関数の2乗ですから、当然値は全領域でプラスです。

- グラフの頂上（存在確率最大地点）の個数は量子数 n に等しくなっています。つまり、量子数が大きくなるにつれて頂上の個数が多くなります。
- 図からは理解しにくいかもしれませんが、関数がカバーする領域の総面積は、どの量子数の場合でも全て1になっています。

これは規格化の結果、そうなっているのです。

$$\int \psi^2 d\tau = 1$$

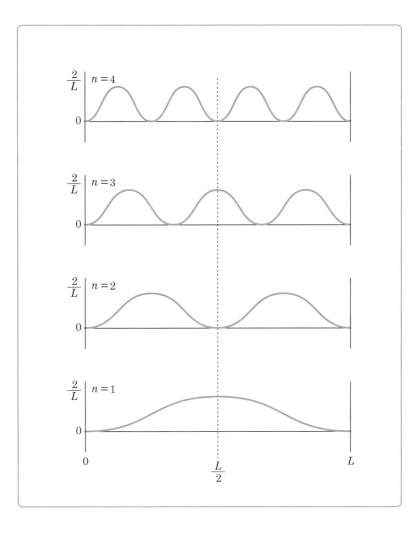

量子化学における
最重要事項

── エネルギーの量子化

シュレーディンガー方程式 $E\psi = H\psi$ を用いると E は $E = \int \psi H \psi d\tau$ で求められることを見ました。シュレーディンガー方程式として $E\psi = H\psi$ を示し、演算子 H の例として 2 階微分演算子 $\dfrac{d^2}{dx^2}$ を出しました。この式に 2 章 2 節で求めた関数 ψ（式（7））を代入してみましょう。すると

$$E\psi = H\psi$$

$$= \left(V - \frac{d^2}{dx^2} \right) \psi$$

$$= - \left(\frac{d^2 \psi}{dx^2} \right)$$

$$= d^2 \left(\sqrt{\frac{2}{L}} \right) \sin \left(\frac{n\pi}{L} \right) \frac{x}{dx^2}$$

$$= \frac{n^2 \pi^2}{L^2} \psi \qquad (1)$$

となります。これからエネルギー E を求めると

$$E = \frac{n^2 \pi^2}{L^2} \psi \qquad (2)$$

となります。

● エネルギーの意味

　この式の導出は簡単化のために大幅な簡略化が行なわれています。そのため、エネルギーをこの式そのものと見ることはできません。しかし、エネルギーの大きな特徴を明らかにしてくれます。それは、

> **エネルギーは量子数 n の2乗、n^2 に比例する**

ということです。

　そのエネルギーの相対値を次の図に示しました。つまり $n = 1$ のときのエネルギーを E_1 とすると $n = 2$ のときには $4E_1$、$n = 3$ の時には $9E_1$ というように級数的に増えていきます。これは原子の電子エネルギーにおいて明瞭に表れている関係です。

● エネルギー準位

　次の図は上で求めたエネルギーを図式化したものです。エネルギーが連続したものでなく、エネルギー E_1 を単位としてとびとびの値しかとらないことが明瞭に示されています。つまり量子化されているのです。図の下部のものはエネルギーが小さく、上部のものは大きくなっています。化学では一般に下部のものを（エネルギー的に）安定、上部のものを不安定といいます。

　このようにエネルギーをその大小に従って並べたものをエネルギー準位といい、それを図式化したものをエネルギー準位図といいます。

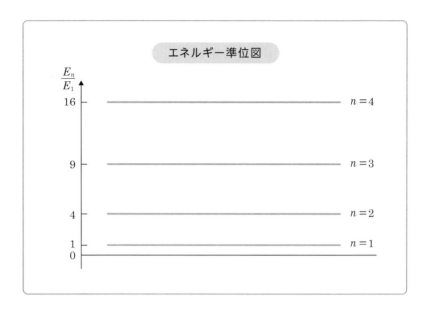

● L とエネルギーの関係

　直線の長さ L とエネルギーとの間には重要な関係が隠されています。

a エネルギー間隔

　エネルギーを表す式（2）で、L を大きくしたらどうなるでしょうか。L を大きくするということは、原子なら直径が大きくなる、つまり原子番号が大きくなることを意味します。

　式（2）によれば、L が大きくなるとエネルギー単位 E_1 が小さくなります。すなわち、エネルギー準位図において線の間隔が狭くなることを意味します。つまり、**L が長くなるとエネルギー間隔は狭くなり、$L = \infty$ ではエネルギー間隔 $= 0$、つまりエネルギーの量子化は消滅し、エネルギーは連続値をとることになります。**

これが私たちの日常世界なのです。

b 0点エネルギー

エネルギー準位図を見ると、最低エネルギーは0となっていないことがわかります。系は$n = 1$の最低エネルギー状態でもE_1だけのエネルギーを持っているのです。これは、絶対温度0K（K：ケルビン）の状態でも粒子はエネルギー（0点エネルギー）を持っており、運動していることを意味します。

日常世界では最低エネルギーの状態は、エネルギー＝0の状態であり、系は運動を止めてしまいます。この違いは、上で見たE_1の大きさの違いです。日常の世界ではLは非常に大きいです。そのためE_1は非常に小さくなり、実質上、0に近くなります。そのためエネルギー間隔は狭くなって連続し、最低エネルギーは0となってしまうのです。

つまり、日常の世界と微粒子の世界は、決して断続しているのではないのです。そして、量子力学、量子化学が意味を持つのは電子、原子のような極微粒子の世界だけなのです。

● まとめ

本章でここまでに見たこと、つまり波動関数ψ、存在確率ψ^2、エネルギーを図にまとめておきましょう。

- 波動関数にはプラスとマイナス領域があること
- 存在確率の山（極大）の個数は量子数と同じこと
- エネルギーは量子数の2乗に比例すること

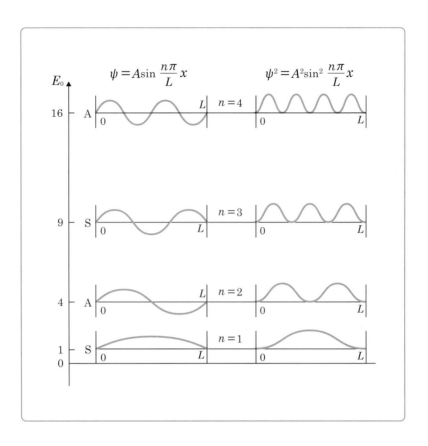

　以上は本書を貫く最重要事項です。関数の導出は問題ではありません。ここで出てきた図は頭にプリントして、いつでも取り出せるようにしておいてください。それこそが、量子力学を勉強した甲斐というものです。化学に興味を持ち続ける限り、いつかどこかで役に立つことでしょう。

原子構造を考える上での基礎事項

—— 立体空間の粒子運動と極座標

　立体空間というのは縦、横、高さの三次元からなる空間であり、私たちの日常生活の空間であり、光子、電子はもとより、原子、分子の空間です。

　化学は物質を扱う研究領域であり、研究対象は光子から分子に至る微粒子であり、全ては三次元空間の居住者たちです。三次元空間を量子力学で究明するのが量子化学の目的です。

● 三次元空間の波動関数

　シュレーディンガー方程式に関していえば、一次元から三次元になったとしても本質的な変化はありません。一次元空間では変数は x だけであり、波動関数は $\psi = X(x)$ という、x を変数とする X 関数でした。しかし、変数が増えるとそれにつれて波動関数を構成する関数も増え、y を変数とする Y 関数 $Y(y)$、z を変数とする Z 関数 $Z(z)$ が加わります。

　ということで三次元空間の波動関数 ψ はこれらの関数の積で表されることとなります。

$$\psi = X(x) \cdot Y(y) \cdot Z(z) \qquad (1)$$

この式を第1章と同じようにして解けば、関数として式（2）、エネルギーとして式（3）が自動的に出てきます。

$$\psi(x, y, z) = \psi(x) \cdot \psi(y) \cdot \psi(z)$$

$$= \left(\frac{2}{L}\right)^{\frac{3}{2}} \sin n_x \frac{\pi x}{L} \cdot \sin n_y \frac{\pi y}{L} \cdot \sin n_z \frac{\pi z}{L} \qquad (2)$$

$$E_{n_x n_y n_z} = \frac{h^2 (n_x{}^2 + n_y{}^2 + n_z{}^2)}{8mL^2} \qquad (3)$$

● **縮重**

ところで、ここで新しい問題が出てきます。エネルギーの式（3）を見てください。エネルギーは3種の量子数 n_x、n_y、n_z の組み合わせで決まっています。$n_x = n_y = 1$、$n_z = 2$の場合にはエネルギーは $\frac{6h^2}{8mL^2}$ となります。しかし、このエネルギーを与える量子数の組み合わせはこれだけではありません。$n_x = 2$、$n_y = n_z = 1$でも、$n_x = 1$、$n_y = 2$、$n_z = 1$でも同じエネルギーになります。

a エネルギーは同じだが関数は異なる

しかし関数の式（2）を見れば、それぞれの量子数の組み合わせに相当する関数は互いに違っていることがわかります。関数が違うということはその関数で表される粒子の挙動が互いに異なることを意味します。つまり、異なる粒子ということです。

このように、関数が異なるのに同じエネルギーをとる関数は互いに縮重しているといいます。2個の関数の間に縮重が起きた時には二重縮重、3個の場合には三重縮重などといいます。ここで

2-5

原子構造を考える上での基礎事項

の関数は三重縮重の例ということになります。

　原子、分子の話になると縮重がしょっちゅう出てきます。注意しておいてください。

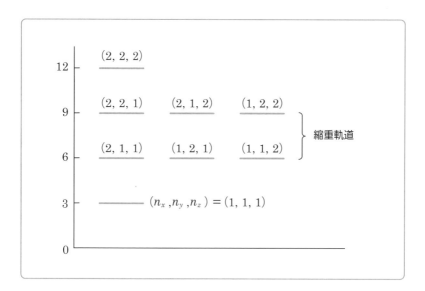

b 縮重の解除

　一組の縮重関数において、同じなのは軌道エネルギーだけで、他は全く異なる関数です。今、関数 ψ_1 と ψ_2 が縮重していたとしましょう。関数の形は互いに次の図のように異なっていたとします。

　この関数に横からの力（摂動）が加わったとします。関数がこの力を受ける程度には差があります。この結果、今まで同じだった軌道エネルギーは変化する可能性があります。**このように、縮重軌道のエネルギーが変化して、縮重軌道でなくなったとき、縮重が解けたといいます。**

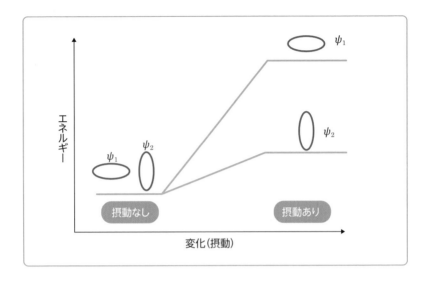

● 極座標

　これで三次元空間の量子力学的取り扱いは終わりなのですが、量子力学を量子化学に翻訳する時に、座標変換という問題が起こります。原子、分子などは三次元空間の居住者ですが、原子は実は誰も見たことがありません。にもかかわらず球状と考えられていますが、それはおそらく間違いないでしょう。

　そして、このような球状の物体を科学的に取り扱う場合には、ここまでお付き合いしてきた直交座標（x, y, z）より、極座標を用いた方が便利でわかりやすいという実利的な利便性があります。ということで、次章以降に始まる、本書の本質である量子化学では極座標を用いるのが一般的です。

　もちろん、「直交座標が好きだから直交座標で行く」というのならそれで結構です。両座標の変換式はどこにでも書いてありま

すから、変換に問題はありませんが、その後の解釈が混乱します。最初は戸惑っても、極座標に慣れるのが絶対に賢明です。

　ということで、極座標を紹介しておきましょう。次の図は直交座標と極座標を同じ図で表したものです。電子eの位置を表すのに、直交座標では (x, y, z) の数値、つまり原点からの3つの距離を用いて表します。

　それに対して極座標では1つの距離 (r) と2つの角度 θ と φ を用いて表すのです。どちらの座標でも、粒子の位置を正確に表すことができるのは保証付きです。この表示法で表すと波動関数、エネルギーは次のようになります。

$$\psi(x, y, z) = \psi(r, \theta, \varphi)$$
$$= R(r)\,\Theta(\theta)\,\Phi(\varphi) \qquad (4)$$
$$E(x, y, z) = E(r, \theta, \varphi)$$
$$= E(r) + E(\theta) + E(\varphi) \qquad (5)$$

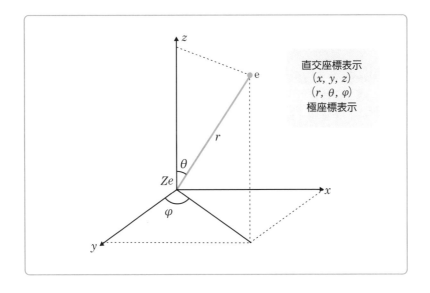

直交座標表示
(x, y, z)
(r, θ, φ)
極座標表示

● 第I部のおわりに

　以上が、量子力学のうち、量子化学に関係した部分の概略です。苦労して読まれた方がおられたとしたら、お詫びした方がよいかもしれません。というのは次章から本格的に始まる量子化学にとって、この第I部の問題は直接的には関わっていないからです。

　しかし、量子化学を支えるのは量子力学であり、そのことは本書を読み進むうちに、あるいは読者の皆さんが多少なりとも理論的な化学分野を専攻なさったらヒシヒシと感じることと思います。

　一方、本書の最初に書いておいた唆しの甘い言葉に乗ってこの第I部を読まなかった方も、決して後悔なさることはありません。これから始まる第II部は決して第I部を理解しなければ理解できない、というものではありません。第I部を読んでおいた方が、その先を「安心して読み進むことができる」その程度の意味しかありません。読み進むうちに疑問が生じたら、その都度、「前に戻って読んでみる」そのような態度で十分です。

　それでは皆さんが量子化学に進んで行かれることをお祝いして、第I部を終えることにしましょう。

トンネル効果

　直線状の粒子運動では、粒子が運動できる範囲は$0 \sim L$でした。そして、この範囲を限定する要素はエネルギー障壁でした。すなわち$x < 0$、$L < x$ではエネルギー障壁Vが粒子のエネルギーEより大きく、粒子はそのエネルギーを超えることができないので、$0 \sim L$の範囲にとどまっていたのです。

　しかし、このように考えるのは実は古典的な考えです。量子力学的な考え方をすると、粒子はこのエネルギー障壁を通り抜けることができるのです。これをトンネル効果といいます。しかし、トンネル効果にも限界はあります。エネルギー障壁Vは有限の高さでなければならず、その厚さlも有限でなければなりません。

　この条件が満たされれば粒子はエネルギー障壁の壁を染み出すことができます。ただし、浸み出した後の関数、存在確率がともに小さくなるのは当然です。すなわち、Vが高く、lが厚いほど、トンネルを染み出す確率は小さくなります。

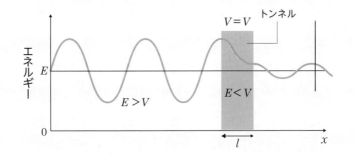

トンネル効果のよく知られた実例は原子核崩壊の一種であるα崩壊によってα線が放出されることです。α線は高速で飛び回るヘリウム原子核のことで、大変に危険なものですが、ウランなどのような大きな原子の原子核中にはα粒子が何個も存在します。

　　しかしこれらは原子核の中で周りを高いエネルギー障壁Vで囲まれているので、この障壁を乗り越えて外部に出る、つまり放出されることはありません。

　　しかし、トンネル効果によって低い確率ですが放出されることがあるのです。それがα線として観測されるのです。

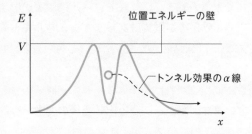

第**3**章

原子構造

全ての物質を作る
基本的な微粒子

—— 原子構造

いよいよ量子化学に入っていきます。ここまでに見てきたことは、これから後のことを理解するための準備段階であったといってよいでしょう。量子化学というのは、原子の性質と結合、そして原子の結合によって生じた分子の性質と反応性を解き明かすために考案された理論です。

● 原子核と電子雲

原子は球状の雲のような電子雲と、その中心にある小さくて高密度の原子核からできています。電子雲は電子（記号e）からできた雲のような物で、1個の電子は-1の電荷を持ちます。

粒子である電子がなぜ雲のようになるのかは、ハイゼンベルクの不確定性原理によるものであり、第1章で見た通りです。

原子の直径は大体 10^{-10} m 程度ですが、原子核の直径は 10^{-14} m 程度です。つまり、原子直径は原子核直径の1万倍の大きさです。これは原子核の直径を1cmとすると原子の直径は1万cm、つまり100mになることを意味します。東京ドームを上下に2個貼り合わせた巨大なドラ焼きを原子とすると、原子核はピッチャーマウンドに転がるビー玉のようなものになります。

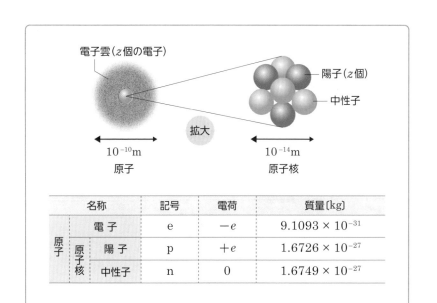

名称		記号	電荷	質量〔kg〕
原子	電 子	e	$-e$	9.1093×10^{-31}
	原子核 陽 子	p	$+e$	1.6726×10^{-27}
	中性子	n	0	1.6749×10^{-27}

● 原子核の構造

原子核は陽子（記号 p）と中性子（記号 n）という2種類の粒子からできています。陽子と中性子はほぼ同じ重さ（1質量数）ですが、電荷は異なり、陽子は＋1の電荷を持ちますが、中性子は電荷を持ちません。電子の重さは陽子と中性子に比べれば無視できるほど小さいです。

原子核を構成する陽子の個数をその原子の原子番号（記号 Z）、陽子と中性子の個数の和を質量数（記号 A）といいます。原子番号と質量数はそれぞれ元素記号の左下と左上に添え字で書く約束になっています。

原子番号が等しくて、質量数の異なる原子を互いに同位体といいます。全ての原子は1個以上の同位体を持っています。水素 H

には質量数1の（普通の水素）^{1}H、質量数2の重水素^{2}H（記号D）、質量数3の三重水素^{3}H（記号T）が知られています。

　原子は原子番号と同じ個数の電子を持ちます。この結果、電子雲の電荷は$-Z$となりますが、これは原子核の電荷$+Z$と相殺するので、原子は全体として電気的に中性ということになります。

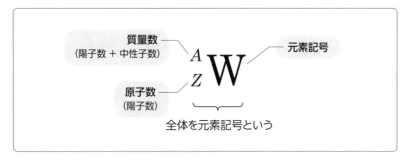

● 原子の種類

　原子の種類は周期表にまとめられています（巻頭の見返しを参照）。最新の周期表には全部で118種類の元素が記載されていますが、地球上の自然界に存在するのは$Z = 1$の水素Hから$Z = 92$のウランUまでのおよそ90種類です。ウランより原子番号の大きい元素は原子炉等で人工的に作られるので人工元素、あるいは超ウラン元素と呼ばれます。

　周期表の上部に左から1〜18の数字が振ってありますが、これを族番号といいます。例えば1の下部に並ぶH、Li、Na等の元素を1族元素といいます。1、2族、それと13〜18族の元素を典型元素、それ以外の元素を遷移元素と呼びます。典型元素においては、同じ族の元素は互いに似た物性、反応性を持つことが知られています。

現代の原子モデルができたのは量子力学のおかげ

── 原子モデルの変遷

　原子を構成する電子、原子核は両方とも固有の反応をします。しかし原子核の反応は特殊で、滅多に起きず、起きると莫大なエネルギーを発することから、普通の化学では扱わず、核化学という特殊な分野で取り扱います。

　それに対して普通の化学反応は電子（電子雲）だけが起こすものであり、原子核は一切関与しません。そのため、量子化学で扱う粒子は電子だけとなります。つまり、量子化学は三次元空間で動く電子という粒子の挙動を明らかにする研究ということになります。

● 原子の古典的モデル

　原子構造という場合、問題になるのは原子核の周囲に存在する電子の状態です。

a ブドウパンモデル

　原子模型を最初に提案したのはイギリスの科学者 J.J. トムソンで 1904 年のことでした。彼のモデルは、**正の電荷を持つ液体（プディング、パン）の中に負の電荷を持つ電子（プラム、ブドウ）**

が散らばり、全体として電荷の中性が保たれるというものでした。これは世界的にはプラム・プディングモデルと呼ばれましたが、日本ではプラム・プディングが一般的でないのでブドウパンモデルといわれたのだそうです。

ブドウパンモデル

プラスのスープ

b ラザフォードモデル

しかしブドウパンモデルでは実験事実がうまく説明できないので、次に提出されたのは、日本の長岡半太郎のモデルや、イギリスのラザフォードらのもので、一般にラザフォードモデルと呼ばれるものでした。そ

ラザフォードモデル

れは原子の中心に大きな電荷を持った粒子が存在し、その周囲を、土星の輪のように電子が回っているというものでした。

しかし当時の電磁気学によれば、荷電粒子の周りを荷電粒子が回転すれば、エネルギーが放出され、回っていた荷電粒子は渦を描くようにして中心に落下します。これでは原子はできたとたんに消滅して中性子になってしまい、宇宙は中性子星あるいはブ

ラックホールだらけということになります。

C ボーアモデル

そこで1913年に提出されたのが第1章で見たボーアの量子条件でした。これは、電子は原子核の周りにある半径 r の円周軌道（orbit）上を質量 m の電子が速度 v で周回運動するが、その角運動量は $\dfrac{h}{2\pi}$ の整数倍に限られる、というものでした。

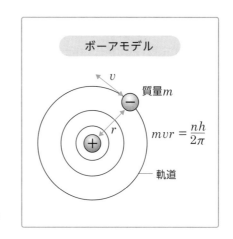

ボーアモデル

質量 m

$mvr = \dfrac{nh}{2\pi}$

軌道

この提案によって当時発見されていた実験事実は説明できましたが、なぜ角運動量が量子化されているのか、という基本的な問題には触れていませんでした。なお、ここでいう軌道は電車が走るレールのような物を想定したものでした。

● 原子の量子論的モデル

学会がこのような状態にあったときに相次いで提出されたのが、後に量子力学として統一される数々の理論でした。中でも極めつけは1926年に提出されたシュレーディンガーによる方程式、シュレーディンガー方程式でした。

現在私たちが持っている現代的な原子モデルはこの方程式によって導き出されたものです。第Ⅰ部で繰り返し見たように、シュレーディンガー方程式はエネルギー E、波動関数 ψ、ハミルトン

演算子 H からなるもので、一般に

$$E\psi = H\psi$$

という簡単な形で示されます。

　ただし、原子の場合にはハミルトン演算子に入る位置エネルギー項 V は、原子核（電荷：$+Ze$）と電子（電荷：$-e$）との間の静電引力になり、それは電子と原子核の間の距離 r に反比例しますから

$$V = -\frac{Ze^2}{r}$$

となり、計算は若干複雑になります。

　ここで ψ に含まれる変数を極座標に従って、動径 r と2つの角度 θ、φ で表すと、関数 ψ は動径関数 $R(r)$、シータ関数 $\Theta(\theta)$、Φ 関数 $\Phi(\varphi)$ に変数分離することができます。

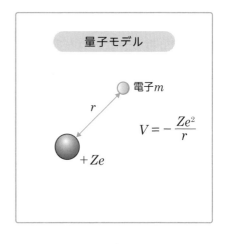

　この結果、原子には各関数、R、Θ、Φ に基づく3個の量子数が存在することになります。

3-3

原子を構成する電子は
どのような状態にいるのか

―― 電子の軌道

　前節で見た3個の量子数、すなわち動径関数に付属する量子数 n と、2つの角度関数に付属する2個の量子数、l、m にはそれぞれ固有の名前が付いています。n を<u>主量子数</u>、l を<u>方位量子数</u>、m を<u>磁気量子数</u>といいます。

　電子にはこの他に<u>スピン量子数 s</u> というものがあります。これは電子のスピン（自転）に基づくもので、回転方向（右回転、左回転）を $s = \dfrac{1}{2}$、$-\dfrac{1}{2}$ で表します。化学では一般に1個の電子を上下いずれかの向きの矢印で表して区別します。

量子数のとり得る範囲

n：主量子数 (r)
　1, 2, 3,……

l：方位量子数 (θ)
　0, 1, 2,……,$(n-2)$, $(n-1)$

m：磁気量子数 (φ)
　0, ±1, ±2,……, $\pm(l-1)$, $\pm l$

s：スピン量子数
　$\pm\dfrac{1}{2}$

電子スピン

● 量子数の組み合わせ

量子数にはとり得る値の範囲が決まっています。**主量子数nは0を除く正の整数のみです。方位量子数lは0を含む整数ですが、最大（$n-1$）までとなっています。磁気量子数mは0を含む正負の整数で、最大$\pm l$までと定められています。**各量子数の簡単な組み合わせの例を次の表に従って見てみましょう。

● $n = 1$の場合

主量子数$n = 1$に対しては方位量子数$l = 0$だけが許され、$l = 0$に対しては磁気量子数$m = 0$だけが許されます。このように三種の量子数（n、l、m）で規定されたものを**軌道**といいます。1個の軌道には2個のスピン量子数$s = \pm\frac{1}{2}$が付属しますから、1個の軌道には最大2個の電子が入ることができます。

● $n = 2$の場合

主量子数$n = 2$に対しては$l = 0$と1が許されます。$l = 1$に対しては$m = -1$、0、1の三種が許されます。したがって$n = 2$の場合（電子殻）には（n、l、m）＝（2、0、0）、（2、1、-1）、（2、1、0）、（2、1、1）の4個の軌道が存在することになります。そしてスピン量子数まで含めると全部で8個の電子が入ることが許されます。

● 軌道の種類

主量子数nの同じ軌道を合わせて**電子殻**と呼びます。電子殻には固有の名前が付いています。つまり、$n = 1$、2、3、…に応じてそれぞれ、**K殻**、**L殻**、**M殻**、…というようにアルファベット

のKから始まる名前が付いているのです。

　次に方位量子数lに対応して、$l = 0$、1、2、…に対してそれぞれを**s軌道、p軌道、d軌道**･･･などといいます。その上、磁気量子数mが$-l \sim +l$まで存在するので、$l = 0$のs軌道は1個だけですが、$l = 1$のp軌道は$m = -1$、0、$+1$の3個の軌道、$l = 2$のd軌道では0 〜 ±2までの合計5個の軌道が存在することになります。

　これらの軌道は主量子数の異なる組み合わせにも存在するので、区別するために軌道名の前に主量子数を付け、1s軌道、2s軌道、…などと呼ばれます。

　したがって、K殻には1s軌道1個だけが存在し、L殻には1個の2s軌道と3個の2p軌道が存在することになります。

―――――――――――― 量子数の組み合わせ ――――――――――――

殻名		K	L				M								
量子数	n	1	2				3								
	l	0	0	1			0	1			2				
	m	0	0	−1	0	1	0	−1	0	1	−2	−1	0	1	2
	s	↑↓	↑↓	↑↓	↑↓	↑↓	↑↓	↑↓	↑↓	↑↓	↑↓	↑↓	↑↓	↑↓	↑↓
軌道名		1s	2s	2p			3s	3p			3d				

● 軌道関数

　シュレーディンガー方程式を完全に解く、すなわち、シュレーディンガー方程式の完全解を求めることは原理的にできません。それは「互いに相互作用しながら動く三体以上の系は完全に解析

することはできない」という数学上の原理によるものです。

　したがって、<u>原子核と1個の電子という2体からなる水素原子のシュレーディンガー方程式は完全に解くことができますが、それより大きい原子に対しては、近次解でがまんするしかないということになります。</u>ご参考までに水素原子の軌道関数を表に示しておきます。

――――――― 水素原子の軌道関数 ―――――――

殻名	軌道名	量子数			軌道関数 $\psi = R(r)\Theta(\theta)\Phi(\varphi)$
		n	l	m	
L	2p z	2	1	0	$\psi_{2p_z} = \dfrac{1}{4\sqrt{2\pi}}\left(\dfrac{Z}{a_0}\right)^{\frac{3}{2}}\dfrac{Zr}{a_0}e^{-\frac{Zr}{2a_0}}\cos\theta$
	2p x	2	1	1	$\psi_{2p_x} = \dfrac{1}{4\sqrt{2\pi}}\left(\dfrac{Z}{a_0}\right)^{\frac{3}{2}}\dfrac{Zr}{a_0}e^{-\frac{Zr}{2a_0}}\sin\theta\cos\varphi$
	2p y	2	1	-1	$\psi_{2p_y} = \dfrac{1}{4\sqrt{2\pi}}\left(\dfrac{Z}{a_0}\right)^{\frac{3}{2}}\dfrac{Zr}{a_0}e^{-\frac{Zr}{2a_0}}\sin\theta\sin\varphi$
	2s	2	0	0	$\psi_{2s} = \dfrac{1}{4\sqrt{2\pi}}\left(\dfrac{Z}{a_0}\right)^{\frac{3}{2}}\left(2-\dfrac{Zr}{a_0}\right)e^{-\frac{Zr}{2a_0}}$
K	1s	1	0	0	$\psi_{1s} = \dfrac{1}{\sqrt{\pi}}\left(\dfrac{Z}{a_0}\right)^{\frac{3}{2}}e^{-\frac{Zr}{a_0}}$

　次の図は軌道関数をグラフ化したものです。1s軌道関数と2s軌道関数を比べてください。2s軌道関数の方が動径の大きい部分にまで関数が広がっています。これは1s軌道より2s軌道の方が体積が大きいことを示します。

　<u>注意して頂きたいのは、関数の値にプラス部分とマイナス部分があることです。1s関数は全領域でプラスですが、2s関数は途中でマイナスになっています。</u>2p関数は動径のプラス部分では

関数も全領域でプラスですが、動径のマイナス部分では関数も全領域でマイナスになっています。これは後に分子の反応性を見る場合に大きな意味を持ってきますので、注意しておいてください。

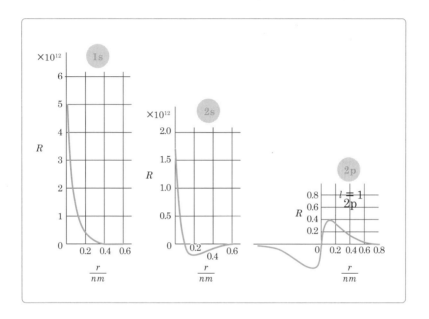

りょうしかがくの窓

なぜ「K」から始まるのか

電子殻の名前がなぜアルファベットの最初のAでなく、中途半端なKから始まるのかについてはいろいろの説がありますが、よく知られているのは次の説です。つまり、最初に電子殻を発見した科学者が、その電子殻が最小の物だという確証がなかったので、将来もっと小さい電子殻が発見された時に命名に困らないように、途中の「K」を付けたというものです。

各軌道は固有の
エネルギーを持つ

—— 軌道のエネルギー

　軌道関数に付属するエネルギーを軌道エネルギーといいます。後に見るように電子は軌道に入るので、軌道エネルギーは、結局は電子のエネルギーということになります。

● 軌道エネルギー

　水素原子のシュレーディンガー方程式を解くと、主量子数$n = 0$の軌道のエネルギーE_0は、次の式（1）となります。そして主量子数nの軌道エネルギーはE_0を単位として用いると式（2）となります。

　式（2）は軌道エネルギーが主量子数nの2乗に反比例することを示しており、軌道エネルギーが量子化されていることを示しています。

$$E_0 = -\frac{me^4}{8\varepsilon_0^2 h^2} \quad \text{(1)（Hの1s軌道エネルギー）}$$

$$E_n = \frac{Z^2}{n^2} E_0 \quad \text{(2)}$$

m：電子質量
h：プランクの定数
e：電子の電荷
Z：原子番号(HではZ＝1)
ε_0：真空誘電率

● エネルギー準位

軌道エネルギーの大小に応じた順序を軌道エネルギー準位、それを図示したものを軌道エネルギー準位図といいます。軌道エネルギー準位図には重要な意味があり、それは次のようものです。

① 原子に属さない電子、つまり自由電子の位置エネルギーを基準（$E = 0$）とする。

② エネルギーはマイナス側に測る。

③ マイナスに深いもの（図の下方）を低エネルギー（安定）、0に近いもの（上方）を高エネルギー（不安定）という。

④ 軌道エネルギーは位置エネルギーと同じように考えることができる。

特に②、③は慣れないと勘違いすることがあるので注意してください。④は日常生活で体験する位置エネルギーと同じように、グラフの上方が不安定、下方が安定という意味です。

● 電子殻エネルギーと軌道エネルギー

式（2）で表されたエネルギーには量子数として主量子数 n しか現れていません。これは電子が1個しかない水素原子のエネルギーだからです。複数個の電子を持つ原子の場合には、他の量子数、l、m も影響してきます。

式（2）のエネルギーは電子殻のエネルギーに相当するので電子殻エネルギーとも呼ばれます。それに対して量子数 l、m までを加味したエネルギーを、軌道エネルギーといいます。グラフを見ると、**同じ電子殻に属する軌道ならば、s軌道 < p軌道 < d軌**

道の順に高エネルギーとなることがわかります。

　各電子殻にはp軌道が3個ありますが、そのエネルギーは互いに等しく、5個のd軌道もエネルギーが等しくなっています。先に見たように、異なる軌道であるにもかかわらずエネルギーが等しいとき、これらの軌道は互いに縮重しているといいます。p軌道は3個が縮重しているので三重縮重、d軌道は五重縮重していることになります。

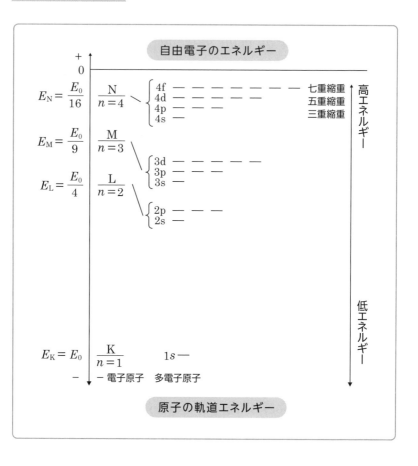

軌道は個性的な形をしている

―― 軌道の形

　先に見た通り、粒子の挙動を表す波動関数 ψ を2乗したもの ψ^2 は、粒子の存在確率を表します。存在確率は、粒子がどの部分にどれだけ存在するかを表すもので、軌道関数の場合には軌道の形そのものを表すことになります。

● s軌道、p軌道、d軌道の形

　図は軌道の形を絵として表したもので、これから先、原子の物性、反応性、更に分子の反応を検討する場合にも基本のデータとなるものです。頭に印刷しておいてください。本書を読み進む際に重要な軌道の形を見てみましょう。

● **s軌道**：丸い球状であり、「お団子」形です。

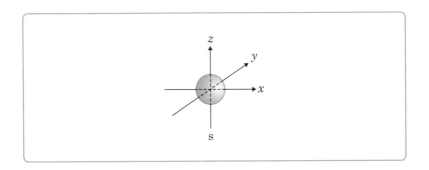

- **p軌道**：2個のお団子を串に刺した"みたらし"形です。p軌道にはp$_x$、p$_y$、p$_z$の3個がありますが、形は全て同じで、違うのは方向だけです。すなわち、p$_x$軌道はみたらしの串がx軸方向を向き、p$_y$、p$_z$はそれぞれy軸、z軸方向を向いています。大切なことは、これら3個のp軌道を合わせると、全空間を等しくカバーしているということです。

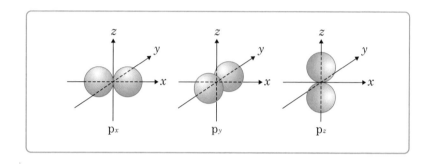

- **d軌道**：d軌道の形は少々複雑です。<u>基本的に四葉のクローバーのような形です</u>。しかし添え字を見ると、1個のd軌道にはx^2-y^2の添え字が付き、もう1個にはz^2の添え字が付いています。そして図を見るとこの2個の軌道はクローバーの葉っぱが3軸の方向を向いていることがわかります。

　それに対して残り3個の軌道にはxy、yz、zxの添え字が付いています。これらはクローバーの葉っぱがそれぞれ、xy平面、yz平面、zx面に存在します。これら5個の軌道を合わせるとp軌道の場合と同じように、全空間を等しくカバーしています。

　蛇足かもしれませんが、皆さんが本書以外の量子化学の本を読まれた時には、本書と同じような「軌道の絵」にプラス、マイナスの符号が付けられているかもしれません。それは間違いではあ

りません。それは先の節で見たように、電子の存在確率、つまり、軌道の形を表した図ではなく、軌道関数そのものを表したものです。軌道関数なら先に見た通り、プラスの部分とマイナスの部分があります。

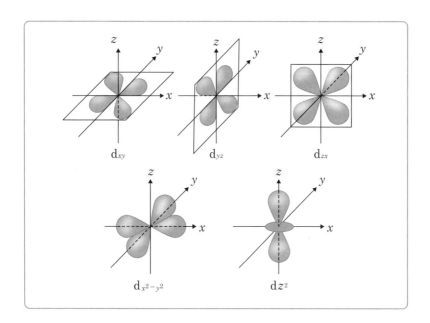

空間の量子化と節

先に1章2節で空間の量子化を見ました。微粒子は空間の特定の場所にとびとびの状態で存在するということです。ここで見た軌道の形は正しくその空間の量子化によるものということができます。また、p軌道にしろd軌道にしろ、軌道のくくられた部分、つまり電子の存在しない部分があります。これは軌道関数のサインがプラスからマイナスに転じる部分、つまり節に対応しているのです。このように、軌道の形は節と空間量子化によって決定されているのです。

3-6 電子がどの軌道にどのような状態で入るか

―― 電子配置

　原子には多くの電子が存在します。それらの電子は原子核の周りに単にゴチャゴチャ「群れている」わけではありません。ちゃんと居場所が決められています。それが軌道です。全ての電子はいずれかの軌道に入らなければなりません。しかし電子は好きな軌道に自由に入れるわけではありません。入るための約束があります。マンションの入居規約のようなものです。

　電子がどの軌道にどのような状態で入っているかを表したものを電子配置と呼びます。電子配置は原子の物性、反応性に直接的に関係する非常に重要なものです。

● 電子配置の規則

　電子がどの軌道に入るかを決めるのは二つの規則です。それは発見者の名前をとって「フントの規則」と「パウリの排他原理」と呼ばれます。ここではそれらを総合した「約束」として紹介しましょう。それは次の4か条になります。

①電子はエネルギーの低い軌道から順に入る。エネルギーの順序は次のようである。

$$1s < 2s < 2p < 3s < 3p\cdots\cdots$$

②1個の軌道に2個の電子が入るときにはスピンの向きを逆にしなければならない。

③1個の軌道には2個以上の電子が入ることはできない。

④軌道エネルギーが等しいときには、スピンの方向を同じにした方が安定である（優先される）。

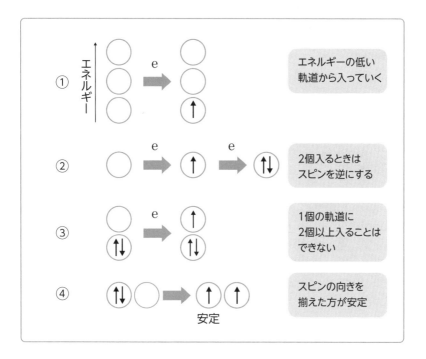

● 電子配置

電子配置は実際の原子に則して考えるのがわかりやすい方法です。周期表に沿って、原子番号の順に軌道に電子を入れていきましょう。

H：Hの電子は1個です。したがって、約束①に従って最低エネ

ルギー軌道の1s軌道に入ります。

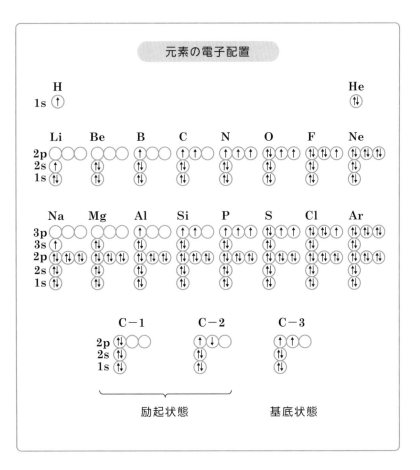

元素の電子配置

He：Heの2番目の電子は約束①、②に従って1s軌道にスピンを逆にして入ります。このように1個の軌道に入った2個の電子を「電子対」と呼びます。それに対して水素の電子のように1個の軌道に1個だけ入った電子を「不対電子」と呼びます。

　これでK殻は電子で満杯になりました。このように電子殻が電子で満杯になった状態を閉殻構造といいます。閉殻構造は特別の

安定性を持ちます。それに対して水素のように、満杯でない状態を開殻構造といいます。

Li：3番目の電子は約束③によって1s軌道に入ることはできないので、①に従って次に安定な2s軌道に入ります。

Be：4番目の電子は①〜③に従って2s軌道に電子対を作って入ります。

B：5番目の電子は①〜③に従って2p軌道に入ります。ただし、3個ある2p軌道のうち、どの軌道に入るかは自由です。

C：炭素の場合には特別の問題が起こります。炭素の6番目の電子には図のC-1 〜 C-3のような3通りの入り方がありますが、軌道エネルギーは全て等しくなっています。

　このような場合に発動するのが約束④です。すなわち、電子のスピン方向が同じものが安定なのです。つまり2個の電子のスピンが同じ方向を向いたC-3が安定ということになります。したがって炭素は不対電子を2個持つことになります。

　このように、原子や分子に同じような状態が複数個現れた場合、最も安定なもの（低エネルギー状態、C-3）を基底状態、それに対してC-1、C-2のように不安定（高エネルギー状態）なものを励起状態といいます。

　原子は決して励起状態になれないわけではありません。励起状態に達するだけの十分なエネルギーがあれば励起状態になることができます。そのため、高エネルギー状態の原子は励起状態の電子配置をとります。しかし一般に励起状態は不安定なため、余分なエネルギーを放出して基底状態に戻ろうとします。

N：7番目の電子は上で見たように、規則④に従って空いている

p軌道に入り、スピン方向を他の2個の電子と同じにします。この結果、Nの不対電子数は3個となります。

O：8番目の電子は3s軌道に入ることはなく、規則①に従って低エネルギーの2p軌道に入ります。そのため、酸素には1組の電子対ができることになり、それに伴って不対電子はNより1個少ない2個となります。このように電子の総数は増えているのに不対電子は減っているのは後で見る化学結合において大切になる点です。頭にプリントしておいてください。

F：9番目の電子は約束に従って図のように入ります。そのため、Fの不対電子は1個に減ってしまいます。

Ne：L殻が一杯になった閉殻構造であり、Heと同様の安定性を持ちます。

　これ以降の原子は基本的にLi 〜 Neの例に倣って電子が入っていきます。

● 最外殻電子

　電子が入っている軌道の中で、最も外側にある物を最外殻といい、そこに入っている電子を最外殻電子といいます。典型元素の場合、最外殻電子を価電子と呼ぶことがあります。価電子は反応の際に重要な役割をすることが知られています。後の章でフロンティア軌道というものが出てきますが、それはここでの最外殻電子、価電子に相当するものです。頭に残しておいてください。

第4章

化学結合

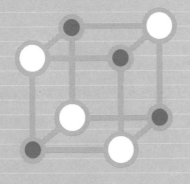

4-1

原子は化学結合によって分子を作る

—— 化学結合とは

　化学は全ての物質を扱う研究です。周期表において18族の希ガス元素を除けば全ての物質は分子からできており、全ての分子は原子からできています。その原子の構造は前章で見た通りです。次は分子の構造や物性、反応性を見る番です。

　分子は、複数個の原子が化学結合（結合）してできた構造体です。したがって分子の本質は結合にあります。結合にはいろいろの種類があります。その中で特殊であり、かつ最も化学的であり、分子、少なくとも有機分子にとって最も重要な結合が、共有結合です。本章では結合の種類とその性質について量子化学の観点から見ていくことにしましょう。

● 引力と化学結合

　ニュートン力学によれば全ての物体は万有引力によって引き合っています。万有引力は原子や分子にも働きますが、質量が極端に小さいこれらの粒子には、万有引力の強さは無視できるほどに小さくなります。

　このように小さい原子の間に働いて、原子同士を結び付ける強い力が結合です。結合の特色は非常に短い距離の間だけでしか作

用しないということです。結合の長さはいろいろですが、多くの場合10^{-10}m程度であり、ほぼ原子直径と同程度という短さです。

● 化学結合の種類

結合には多くの種類があります。原子間に働くのが普通にいう結合であり、これにはイオン結合、金属結合、共有結合などがあります。また、分子間力と呼ばれる分子間に働く結合もあり、これにもいろいろの種類がありますが、特に水素結合がよく知られています。

量子化学で主に扱う結合は共有結合です。共有結合は後に詳しく見ることにして、ここではその他の結合について簡単に見ておきましょう。

a イオン結合

電気的に中性な原子Aから電子が1個外れると、プラスに荷電した陽イオンA^+が生成します。反対に原子Bに1個の電子が加わるとマイナスに荷電した陰イオンB^-が生成します。このA^+とB^-が近づくと両者の間に静電引力が働きます。これがイオン結合です。

イオン結合の場合、A^+の近くに何個のB^-が存在しようと、両者の距離が同じなら、全てのB^-との間に同じ強さの静電引力が働きます。これを不飽和性といいます。この場合、結合角$\angle BAB$は不定で定まってはいません。これを無方向性といいます。不飽和性と無方向性は共有結合と比べた場合の、イオン結合の大きな特徴となっています。

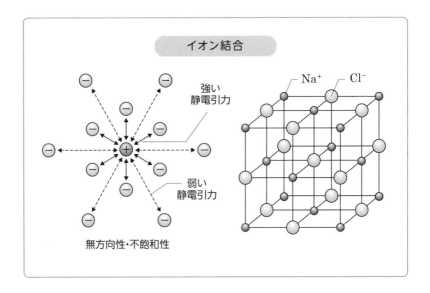

イオン結合

Na⁺　Cl⁻

強い
静電引力

弱い
静電引力

無方向性・不飽和性

b 金属結合

　金属原子は n 個の価電子を外して金属イオン M^{n+} となります。金属結晶において金属イオンは三次元に渡って整然と積み重なっています。そしてその金属イオンの隙間に先ほどの価電子が糊のようになって浸み込みます。この電子を自由電子といいます。このように金属結合はプラスに荷電した金属イオンが、マイナスに荷電した自由電子を糊のようにして結合した結合ということができます。

c 水素結合

　原子には周期表の右上にあるO、F、Cl等のように陰イオンになり易いものと、周期表の左にあるH、Li、Na等のように陽イオンになり易いものがあります。

　原子が電子を引き付けてマイナスに荷電する程度を表した数値

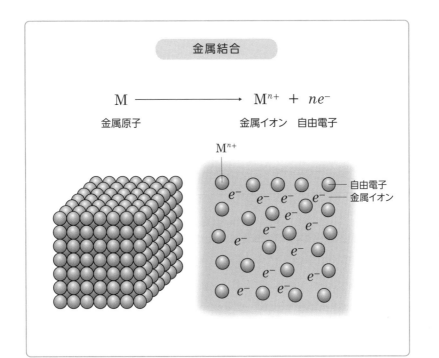

金属結合

$$M \longrightarrow M^{n+} + ne^-$$

金属原子　　　　　　金属イオン　自由電子

M^{n+}

e^- 自由電子
金属イオン

を電気陰性度といいます。次の図は、原子の電気陰性度を周期表に従って示した表です。電気陰性度の大きい原子ほど電子を引き付けやすいことを示します。

　水分子のO−H結合を見ると、Oの電気陰性度が3.5と水素の電気陰性度2.1より大きいので、O−Hの結合電子雲はOに引き付けられます。この結果Oは幾分マイナスに（$\delta-$）、Hは幾分プラス（$\delta+$）に荷電します。すると2個の水素分子の間で、双方のOとHの間に静電引力が発生します。この力を水素結合といいます。

　液体の水では多くの水分子が水素結合して大きな集団となっています。このような集団を一般にクラスターといいます。

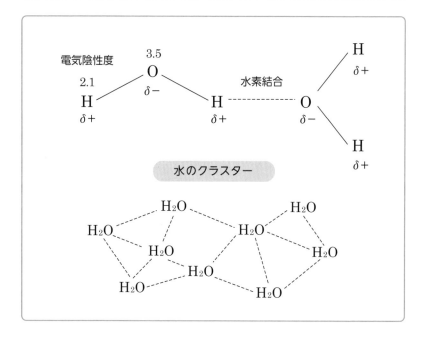

電気陰性度

H							He
2.1							
Li	Be	B	C	N	O	F	Ne
1.0	1.5	2.0	2.5	3.0	3.5	4.0	
Na	Mg	Al	Si	P	S	Cl	Ar
0.9	1.2	1.5	1.8	2.1	2.5	3.0	
K	Ca	Ga	Ge	As	Se	Br	Kr
0.8	1.0	1.3	1.8	2.0	2.4	2.8	

電気陰性度

3.5
O
δ−

2.1
H
δ+

水素結合

H
δ+

H
δ+

O
δ−

H
δ+

水のクラスター

H₂O ---- H₂O ---- H₂O
H₂O ---- H₂O
H₂O ---- H₂O
H₂O ---- H₂O
H₂O ---- H₂O

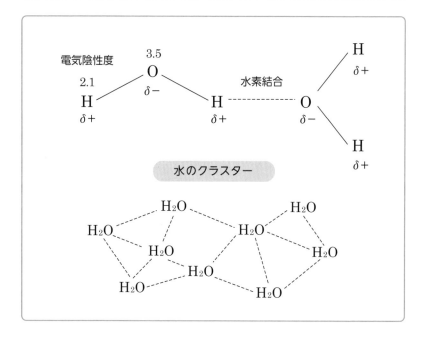

原子軌道の重なりによって生じる結合

―― 共有結合

共有結合は全ての有機分子を作る結合であり、最も化学結合らしい結合です。ここでは共有結合を量子化学の観点から見ていくことにしましょう。

● 水素分子

最も典型的で最も基礎的な共有結合は水素分子の結合です。2個の水素原子Hが結合して水素分子H_2が生成する過程を見てみましょう。

2個の水素原子が近づくと互いの1s軌道が重なります。そして、分子が生成すると1s軌道は消滅して、新たに2個の水素原子核の周りを囲む新しい軌道ができます。この新しい軌道を、(水素) 分子に属する軌道なので、分子軌道 (Molecular Orbital、MO) といいます。それに対して1s軌道は (水素) 原子に属するので原子軌道 (Atomic Orbital、AO) といわれます。

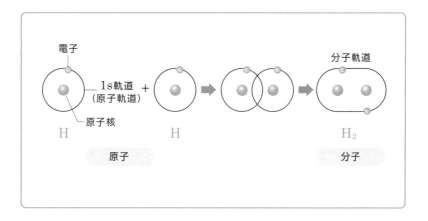

画像内ラベル: 電子 / 1s軌道（原子軌道）/ 原子核 / 分子軌道 / H / H / H₂ / 原子 / 分子

● 結合電子雲

　分子ができると2個の水素原子に属していた合計2個の電子は分子軌道に入ります。この電子は主に原子核の間の領域に存在し、金属結合における自由電子と同じように、2個のプラスに荷電した原子核をマイナスの荷電で接着する働きをします。そのため結合電子雲といわれます。

　このように共有結合は、結合する2個の原子が1個ずつの電子（不対電子）を供出し合い、その2個の電子を結合電子雲として共有することによって成立する結合なので共有結合と呼ばれます。そして共有結合が成立するためには、結合する双方の原子が1個の軌道に1個だけ入った電子、不対電子を持つことが必須条件となります。

　不対電子を1個しか持たない原子は1本の共有結合しか作ることができませんが、2個、3個持つ原子は2本、3本の共有結合を作ることができます。そのため、原子の持つ不対電子を価標といいます。先に電子配置の節で見たように、酸素O、窒素Nはそ

左余白縦書き: 4-2　原子軌道の重なりによって生じる結合

価標のルビ: か　ひょう

れぞれ2本、3本の価標
を持っています。ところ
が炭素は不対電子が2個
なのに価標は4本となっ
ています。この不整合性
については後に見ること
にしましょう。

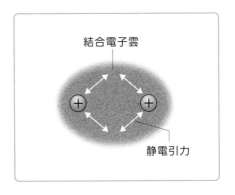

結合電子雲

静電引力

● 分子のシュレーディンガー方程式

　分子を量子化学的な手法で解析する場合、基本的な方法は原子
の場合と同様です。すなわち、シュレーディンガー方程式を組み
立て、それを解いてエネルギーや関数を求めるのです。

　シュレーディンガー方程式の基本形は原子であろうと分子であ
ろうと同じ式（1）です。

$$E\Psi = H\Psi \qquad (1)$$

　ここで関数は分子の関数なのでψの大文字Ψを使っています。
先に量子力学の節で見たシュレーディンガー方程式は1個の粒子
に関するものでした。しかし水素原子では粒子は2個の原子核と
2個の電子の合計4個です。その結果、これらの粒子に働く力は
次の図に示したように4つの静電引力と2つの静電反発力の合計
6つもあります。この6つの力が位置エネルギーVとなります。

　先に水素原子より大きな系のシュレーディンガー方程式を完全
に解くのは原理的に不可能なことを見ました（3章3節）。しかし、
分子のように電子数が何十個というような大きな系になると、例

え近似の解でも、シュレーディンガー方程式を直接解くのは大変なことになります。

　そこで、シュレーディンガー方程式そのものの近似式を作ってそれを解くことになります。

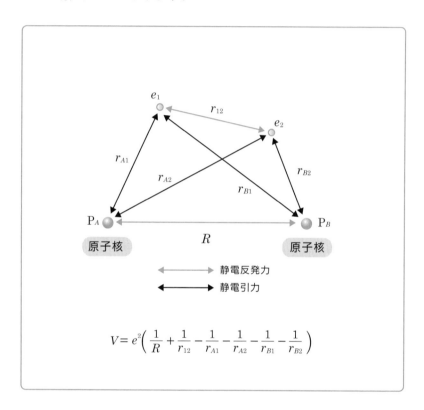

$$V = e^2 \left(\frac{1}{R} + \frac{1}{r_{12}} - \frac{1}{r_{A1}} - \frac{1}{r_{A2}} - \frac{1}{r_{B1}} - \frac{1}{r_{B2}} \right)$$

● LCAOMO

　シュレーディンガー方程式の近似式では分子軌道関数ψを近似関数とします。それは原子軌道関数φを使ってψを作るのです。つまり分子軌道関数を原子軌道関数の線形結合で表すのです。線形結合とは関数A、B、Cに適当な係数a、b、cを付けたものの

和、つまり $aA + bB + cC$ のことです。このようにして作った分子軌道関数を線形結合関数（Linier Combination of Atomic Orbital）、**LCAOMO** といいます。

　関数 A、B、C は分子を構成する各原子の原子軌道関数です。原子軌道関数 φ は既に近似を最高度に高めた計算によって、ほぼ正確な形で求められていますから、それを使えばよいだけです。係数 a、b、c は LCAOMO が分子軌道に最も相応しくなるように選びます。すなわち、**分子軌道法における計算の実質は、この係数 a、b、c を求めることに帰着するのです。**

りょうしかがくの窓

量子化学と計算機

　量子力学、量子化学の基本的な考えは20世紀初頭にほぼ完成していたといってよいでしょう。しかしその考えはあまりに数学的なものでした。つまり、アイデアは理解でき、それを具体化する数式も導かれる一方、それを実際の原子、分子に応用して計算することができなかったのです。これでは絵に描いた餅です。

　そのため、如何に計算を簡略化するかという近似法が開発されました。そのような近似法には原子価結合法、あるいは共鳴法などもありました。その中で、わりと簡単な方法で大きな果実を生んだ方法が次節で見る分子軌道法でした。

　現在は電子計算機が究極に近いほど高度化されています。現代の科学の恐ろしいほどの発展はこのような背景に支えられているのです。

4-3

分子軌道計算の基本は ＋－×÷である

—— 分子軌道法の計算

　最も簡単な構造の分子である水素分子についてLCAOMOを使った分子軌道計算を行なってみましょう。

　本節と4節ではやたらと式が出てきます。それは分子軌道法が別名分子軌道計算法ともいわれるくらい、計算によって成り立つ理論だから仕方がないのです。ただし、正直にいえば、ここは最初の量子力学の部分と同じように、読まなくても構いません。より大切な部分は次の第5章からなのです。

　しかし、第5章からのことしか書かなかったら、「物足りない」、「お話に過ぎない」「騙されたような気がする」と思う方が出てくるはずです。本章はそのような方のためのものですので、計算アレルギーの方は読み飛ばして頂いても何の問題もありません。

　とりわけ、ここの計算式はψ、φ、α、β、H_{mm}、S_{mm}などと見慣れない記号が並んでいるので、随分難しく見えるかもしれません。とはいえそれらは単なる記号です。行なっている計算はこれらの記号の間の掛け算、割り算だけです。

　しかも演算の途中式はちゃんと書いてありますから、皆さんはフンフンといって、式を目で追えばいいだけです。

　それでは進みましょう。

● LCAOMOψ

水素分子H_2を構成する2個の水素原子をH_1、H_2とし、それぞれの1s軌道関数をφ_1、φ_2とし、係数をそれぞれc_1、c_2とすると水素のLCAOMOψは式（1）となります。式（1）を第1章で見たエネルギーを求める式（2）に代入すると式（3）になり、そのまま分子、分母でそれぞれ機械的に掛け算すると式（4）となります。

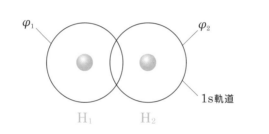

φ_1　　　φ_2

1s軌道

H_1　　H_2

$\psi = c_1\varphi_1 + c_2\varphi_2$　　　（1）

既知：φ_1, φ_2

未知：ψ, c_1, c_2

求めるもの：c_1, c_2

$$E = \frac{\int \psi H \psi d\tau}{\int \psi^2 d\tau} \quad (2)$$

$$= \frac{\int (c_1\varphi_1 + c_2\varphi_2) H (c_1\varphi_1 + c_2\varphi_2) d\tau}{\int (c_1\varphi_1 + c_2\varphi_2)^2 d\tau} \quad (3)$$

$$= \frac{c_1{}^2\int \varphi_1 H \varphi_1 d\tau + 2c_1 c_2 \int \varphi_1 H \varphi_2 d\tau + c_2{}^2 \int \varphi_2 H \varphi_2 d\tau}{c_1{}^2 \int \varphi_1{}^2 d\tau + 2c_1 c_2 \int \varphi_1 \varphi_2 d\tau + c_2{}^2 \int \varphi_2{}^2 d\tau} \quad (4)$$

● 各項の意味

式（4）の中には4種類の項があります。各項の意味を見てみましょう。

[a] $S_{mm} = 1$：規格化

分母の第1項と第3項は関数の2乗を全空間で積分したものであり、このような項を一般に記号 S_{mm} で表します。これは先に第1章で見たように、粒子の存在確率の総和を表すものです。存在確率の総和は粒子の個数ですから、式（5）で示すように1となります。これを規格化というのも先に見た通りです。

● 規格化 　　　$\int \varphi_1{}^2 \, d\tau = \int \varphi_2{}^2 \, d\tau = S_{mm} = 1$ 　　　(5)

確率の総和は1である

[b] 重なり積分

分母の第2項は異なる関数の積の積分です。これを重なり積分といい、記号 S_{mn} で表します（式（6））。m、n は原子軌道関数の番号です。

重なり積分はその名前の通り、原子軌道の重なりの程度を表します。全く重ならなければ $S = 0$ であり、完全に重なれば規格化 S_{mm} と同じことになって $S = 1$ となります。つまり S は0から1の間を変化する積分なのです。

しかし、2個の p_x 軌道が x 軸上で重なる場合には、先に見たよ

うにp軌道関数にプラスの部分とマイナスの部分があることから、Sは距離に応じてプラスからマイナスに変化し、距離$r = 0$においては完全に重なるので$S = 1$となります。2個の関数、S–SとP–Pの軌道間距離と重なり積分Sとの関係を図に示しました。

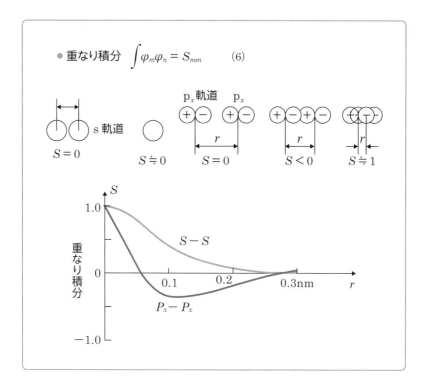

C クーロン積分

式（4）の分子部分の第1項と第3項はハミルトン演算子Hを挟んで同じ関数φ_mが並んでいます。このような積分をクーロン積分といい、H_{mm}もしくは記号α（アルファ）で表します（式（7））。

クーロン積分は第1章で見たように粒子のエネルギー、つまり原子軌道のエネルギーを表します。現在見ている粒子は水素原子

ですから、α は水素の 1s 軌道エネルギーということになります。

　このことは、結合していない水素原子のエネルギーは、分子軌道法では α で表されるということを意味します。**結合を作って系が安定化されれば系のエネルギーは α より低下することになります。**すなわち、結合の安定さ、つまり結合の強度は α を基準として計られることになります。

> ● クーロン積分　　$\displaystyle\int \varphi_m H \varphi_m = H_{mm} = \alpha$ 　　(7)
>
> 　　　　　　　　　1s 軌道エネルギー

d 共鳴積分

　分子部分の第 2 項は H を挟んで異なる関数の並んだ積分です。このような積分を H_{mn}、あるいは β（ベータ）で表して共鳴積分と呼びます（式（8））。

　共鳴積分の、2 個の関数が H を挟んで並ぶという形は、クーロン積分に似ています。そのため、共鳴積分もエネルギーを表す積分であることがわかります。

　また、異なる 2 個の関数が並ぶという形は重なり積分にも似ています。そのため、関数の重なりの程度によってその大きさが異なることになります。**分子軌道法では、結合エネルギーは β を単位として表されます。**

> ● 共鳴積分　　$\displaystyle\int \varphi_m H \varphi_n = H_{mn} = \beta$ 　　(8)

 エネルギー極小を求めるのは
微分である

—— 変分法

先に見たように、分子軌道計算の目的の一つは分子軌道関数（4章3節の式（1））の係数 c_n を求めることです。そのための強力な武器が変分法なのです。

● 変分原理

次の式（1）は、エネルギーを表す前節の式（4）に前節で見た記号を代入して整理したものです。

$$E = \frac{c_1{}^2 H_{11} + 2c_1 c_2 H_{12} + c_2{}^2 H_{22}}{c_1{}^2 S_{11} + 2c_1 c_2 S_{12} + c_2{}^2 S_{22}} = F(c_1, c_2) \qquad (1)$$

式（1）は一見したところ複雑そうですが、未知数は c_1 と c_2 だけであり、他は見た目はすごそうですが単なる係数に過ぎません。したがってこの式は c_1、c_2 を変数とする式、$F(c_1, c_2)$ と見ることができます。今、この2つの変数のうち、c_1 を動かしたところ、エネルギー E が次の図のように変化したとしましょう。

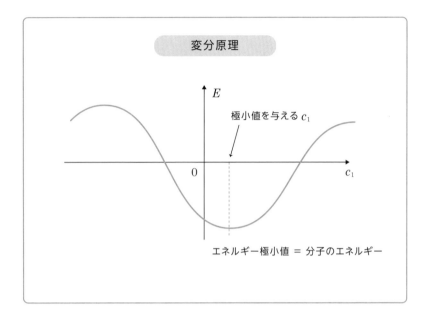

変分原理

極小値を与える c_1

0

E

c_1

エネルギー極小値 ＝ 分子のエネルギー

　この関係から、係数 c_1 として相応しい値を選ぶとしたら、どのような基準で選べばよいのでしょうか。E はもちろん、水素分子のエネルギーです。

　2個の水素原子の間に生じる"関係"にはいろいろありますが、分子という関係が他の関係と決定的に異なる点は、分子が最も安定な関係、すなわちエネルギーの極小値をとっているということです。したがって、**私たちが c_1 として求める値は E の極小値を与える値ということになります。この考え方を変分法といいます。**

　極小値を求めるには微分をすればよいのは中学校で学ぶことです。つまり式（1）を c_1 で微分するのです。全く同様に c_2 を求めるには式（1）を c_2 で微分すればよいことになります。したがって2本の微分式、式（2）が出ることになります。

$$\frac{\partial E}{\partial c_1} = \frac{2c_1(H_{11}-ES_{11})+2c_2(H_{12}-ES_{12})}{c_1{}^2 S_{11}+2c_1 c_2 S_{12}+c_2{}^2 S_{22}} = 0$$

$$\frac{\partial E}{\partial c_2} = \frac{2c_1(H_{12}-ES_{12})+2c_2(H_{22}-ES_{22})}{c_1{}^2 S_{11}+2c_1 c_2 S_{12}+c_2{}^2 S_{22}} = 0$$

(2)

● 永年方程式

式 (2) の分子部分を取り出すと連立方程式 (3) が出ます。この式を係数の方程式と呼びます。

この式を満足する c_1、c_2 の組を見つけるのは簡単なことです。$c_1 = c_2 = 0$ とすればよいのです。しかし、それでは分子軌道関数 $\psi = c_1 \psi_1 + c_2 \psi_2 = 0$ となり、粒子 (電子) が存在しないことになってしまうので不合理です。つまり、係数は同時に0になってはいけないのです。

連立方程式の答えが同時に0とならないために満たさなければならない条件、それが永年方程式といわれる行列式です。連立方程式 (3) の永年方程式は式 (4) となります。

この式 (4) こそが分子軌道計算の実際の計算を担う式なのです。すなわち、分子軌道計算とはこの永年方程式という行列式を解くことなのです。

$$c_1(H_{11} - ES_{11}) + c_2(H_{12} - ES_{12}) = 0$$
$$c_1(H_{12} - ES_{12}) + c_2(H_{22} - ES_{22}) = 0$$

(3)

（係数の方程式）

$$c_1 = c_2 = 0 \quad \text{以外の解を持つ条件}$$

$$\begin{vmatrix} H_{11} - ES_{11} & H_{12} - ES_{12} \\ H_{12} - ES_{12} & H_{22} - ES_{22} \end{vmatrix} = 0 \quad (4)$$

（永年方程式）

　ということで、分子軌道計算の実際は、単なる行列式の解法に
過ぎなくなります。しかし、この行列式は電子の個数だけの高次
方程式になるため、実際に解くのは至難の業です。分子軌道法が
実用化され、化学研究にとって、鬼の金棒のような存在になった
のはコンピューターの発達によるものです。

記号 ∂ はギリシャ文字 δ に由来する数学記号で、一般にデル、あるいはラウンドディーなどと
読まれ、記号 $\partial F/\partial x$ などは偏微分を表します。偏微分というのは、複数個の変数（x、y、zなど）
を含む関数 F を、ある特定の変数、x だけについて微分することを表します。
p.101の式（2）には上下2本の式がありますが、そのうち、上の式は2個の変数c_1、c_2を含む
式となっていますがその変数のうちc_2を定数と見做し、c_1についてだけ微分することを指示
するのです。同様に下の式ではc_1を定数と見做し、c_2についてだけ微分します。

4-5

軌道エネルギーこそが量子化学の真髄

—— 軌道関数とエネルギー

前節で求めた永年方程式（1）を解いて軌道関数とエネルギーを求めてみましょう。

$$
\begin{vmatrix}
H_{11} - E & H_{12} - ES_{12} \\
H_{12} - ES_{12} & H_{22} - E
\end{vmatrix} = 0 \qquad (1)
$$

● 軌道エネルギー

永年方程式（1）に先の記号、α、β、Sを代入すると式（2）となります。

$$
\begin{vmatrix}
\alpha - E & \beta - ES_{12} \\
\beta - ES_{12} & \alpha - E
\end{vmatrix} = 0 \qquad (2)
$$

$$
S_{12} = 0 \,(近似)
$$

ここで重なり積分S_{12}を見てみましょう。ここで考えている分子は水素分子ですから、関数φ_1とφ_2の距離は結合距離であり、ほぼ0.1nmです。前節で見たSのグラフ（4章3節）からこの距

離における1s軌道同士の重なり積分を求めるとほぼ0.3となります。

　ここで近似を入れます。つまり$S_{12} = 0.3$を無視して、$S_{12} = 0$と近似するのです。すると式（2）は式（3）のように、恐ろしいほど簡単な式になります。行列式（3）を常法に従って開くと式（4）となり、この式を解くとエネルギーは式（5）に示したように$E_b = \alpha + \beta$と$E_a = \alpha - \beta$の2個が求まります。

$$\begin{vmatrix} \alpha - E & \beta \\ \beta & \alpha - E \end{vmatrix} = 0 \qquad (3)$$

$$(\alpha - E)^2 - \beta^2 = 0 \qquad (4)$$

$$\left.\begin{array}{l} E_b = \alpha + \beta \\ E_a = \alpha - \beta \end{array}\right\} \qquad (5)$$

● 軌道関数の求め方①

　ところで、永年方程式を式（3）のように近似したということは前節の係数の式（3）を式（6）に変えたことを意味します。式（6）に$E_b = \alpha + \beta$を代入すると$c_1 = c_2$となり、$E_a = \alpha - \beta$を代入すると$c_1 = -c_2$となります。このことから、それぞれのエネルギーに対応する関数はψ_b式（7）とψ_a式（8）ということになります。

$$c_1(\alpha - E) + c_2\beta = 0$$
$$c_1\beta + c_2(\alpha - \beta) = 0 \left.\right\} \quad (6)$$

$E = \alpha + \beta$ を代入すると

$$-c_1\beta + c_2\beta = 0 \quad \therefore c_1 = c_2$$

つまり

$$\psi_b = c_1(\varphi_1 + \varphi_2) \quad (7)$$

$E = \alpha - \beta$ を代入すると

$$c_1\beta + c_2\beta = 0 \quad \therefore c_1 = -c_2$$

つまり

$$\psi_a = c_1(\varphi_1 - \varphi_2) \quad (8)$$

● 軌道関数の求め方②

　軌道関数は式（7）、(8) として求まりましたが、まだ係数 c_1 が未定です。c_1 を求めるには、常套手段、規格化の条件を使います。

　規格化の条件式に式（7）を代入すると式（9）となります。ここで原子軌道関数は既に規格化されていること、また、先ほどの近似で $S = 0$ としていることを用いると、式（9）は式（10）と、これ以上簡単な式のないような式となり、c_1 が求まります。

　以上のことから、エネルギーと関数は式（11）のようにそれぞれ一組ずつのセットとして求められたことになります。

　このうち ψ_a を<u>反結合性軌道</u>（antibonding orbital）、ψ_b を<u>結合性軌道</u>（bonding orbital）といいます。もしかしたら反結合性軌道という術語は聞き慣れないかもしれませんが、これこそが

分子軌道法、量子化学が化学にもたらした最大の功績といってよいかもしれないほど大切な術語、概念です。この意味については次章で見ることにしましょう。

$$\int \psi^2 d\tau = c_1^2 \int (\varphi_1 + \varphi_2)^2 d\tau = c_1^2 \left\{ \int \varphi_1^2 d\tau + 2\int \varphi_1 \varphi_2 d\tau + \int \varphi_2^2 d\tau \right\} = 1 \quad (9)$$

$$\int \varphi_1^2 d\tau = \int \varphi_2^2 d\tau = 1 \qquad \text{規格}$$

$$\int \varphi_1 \varphi_2 \, d\tau = 0 \qquad \qquad \text{近似}$$

$$2c_1^2 = 1 \qquad \therefore c_1 = \frac{1}{\sqrt{2}} \qquad (10)$$

$$\psi = \frac{1}{\sqrt{2}} (\varphi_1 + \varphi_2)$$

$$\begin{cases} E_a = \alpha - \beta \qquad \psi_a = \dfrac{1}{\sqrt{2}} (\varphi_1 - \varphi_2) \\[3mm] E_b = \alpha + \beta \qquad \psi_b = \dfrac{1}{\sqrt{2}} (\varphi_1 + \varphi_2) \end{cases} \qquad (11)$$

第5章

分子軌道法と
結合エネルギー

5-1

結合を作る結合性軌道と結合をこわす反結合性軌道

—— 結合性軌道と反結合性軌道

前章では、簡単とはいうものの量的にウンザリするほどの式が出ましたが、それも終わりです。本章から先は「量子化学がこれでいいのか？」と思うほど式は姿を消します。

しかし「式があるから難しく、式がないから簡単」というのは単純すぎます。式があれば「考えることは不要」になります。式が「答えを出してくれる」からです。しかし式がなければ自分で考えなければなりません。一つの事実を基に「連想することが必要」となります。化学で必要とされる能力は「連想、空想、絶想」です。

「絶想」は私の造語です。絶想は連想、空想の果てに行き着く、いわば「想いつき」です。「想いつき」それは芸術の原動力です。ですから「化学は芸術」といわれるのです。

● 軌道関数

前章で水素分子の軌道関数、軌道エネルギーに結合性軌道と反結合性軌道に基づくものがあることを見ました。結合性軌道、反結合性軌道とは何のことでしょう？

結合性軌道の軌道関数は式（1）、反結合性軌道の軌道関数は

式（2）でした。図Aは2つの水素1s軌道関数φ_1とφ_2から式（1）ができる様子を表したものです。式（1）は2つの1s軌道関数の和ですから、図のように2つの水素原子H_1とH_2の間に関数の膨らみができます。この関数を2乗して電子の存在確率を見てみると、2個の原子の間に電子がたくさん存在することがわかります。つまり、原子を接着する"糊"がたくさん存在するのです。

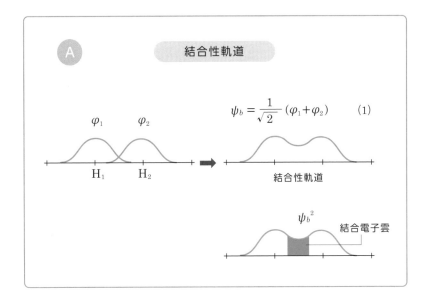

A 結合性軌道

$$\psi_b = \frac{1}{\sqrt{2}}(\varphi_1 + \varphi_2) \quad (1)$$

φ_1　φ_2

H_1　H_2

結合性軌道

$\psi_b{}^2$

結合電子雲

それに対して図Bは式（2）を表したものです。式（2）は2つの関数の差ですから、関数の値はプラスからマイナスに変化しており、符号の変わる節が存在します。電子の存在確率も節に相当する部分では0、つまり電子が存在しません。これでは2個の原子は「糊」が無くて結合することができません。

これが結合性軌道と反結合性軌道の意味です。つまり、**結合性軌道は2個の原子を結合させるように作用し、反結合性軌道はそ**

の結合を壊すように作用するのです。

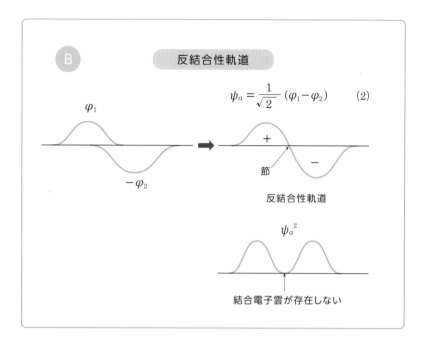

B　反結合性軌道

$$\psi_a = \frac{1}{\sqrt{2}} (\varphi_1 - \varphi_2) \qquad (2)$$

φ_1

$-\varphi_2$

+

−

節

反結合性軌道

$\psi_a{}^2$

結合電子雲が存在しない

● エネルギー

軌道関数に2種類があったのと同様に、軌道エネルギーにも $E_b = \alpha + \beta$ と $E_a = \alpha - \beta$ の2つがあります。

ここで注意すべきことは、α も β もその値の符号はマイナスだということです。第4章で見たように、化学では原子、分子のエネルギーはマイナスに計ることになっています。α は1s軌道のエネルギーですから当然マイナスであり、β もその定義式を見ればわかる通り、α と同じ式なのでやはり符号はマイナスです。

したがって両者の和である E_b と、差である E_a では E_b の方が負に大きい。すなわち、エネルギー準位で下にきます。つまり、

E_b と E_a では E_b の方が低エネルギーであり、安定なのです。

● 軌道相関

結合生成のように、2個の軌道が互いに関係して影響を及ぼし合うことを一般に軌道相関といいます。軌道相関では、相関によって安定化した結合性軌道と、反対に不安定化した反結合性軌道がセットになって生成します。

原子軌道エネルギーと分子軌道エネルギーの関係を図に示しました。このような図を一般に軌道相関図といいます。軌道相関図では反結合性軌道に記号 ＊（アステリスク、読み方：スター）を付けるのが一般的です。

この図を見ればわかる通り、水素分子の分子軌道は水素原子の原子軌道を「原料」としてできた軌道です。そして結合性分子軌道は原子軌道のエネルギー（α）より β だけ安定になっており、反対に反結合性軌道は、原料より β だけ不安定になっています。

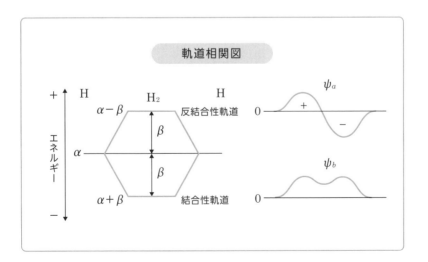

軌道相関図

5-2

原子間の距離が変化すると結合エネルギーも変化する

—— 結合距離とエネルギー

　図は分子における2原子間の距離、つまり結合距離と分子軌道エネルギーの関係を表したものです。

　原子間距離が大きいときには分子は生成されず、原子のままですから、エネルギーは1s軌道のまま、すなわちαです。

　原子が近づくとエネルギーは二手に分かれます。安定化する関係と不安定化する関係です。

　安定化するものは、近づくにつれてエネルギーが低下します。しかし近づき過ぎると原子核間の静電反発力が働くのでエネルギーは上昇に転じます。この結果、エネルギーには極小が生じます。この極小のエネルギーが先に求めたE_bであり、その極小を与える距離r_0が結合距離に相当します。このカーブは結合性軌道のエネルギー変化を表すものです。

　もう一つは不安定化する関係です。この関係では距離が短くなるとともにエネルギーは上昇を続けます。そして、結合距離r_0のときのエネルギーがE_aなのです。このカーブは反結合性軌道のエネルギー変化を表すものです。

　つまり、前節で求めたエネルギー、E_a、E_bは原子が結合している状態での結合性軌道と反結合性軌道との軌道エネルギーだっ

たのです。

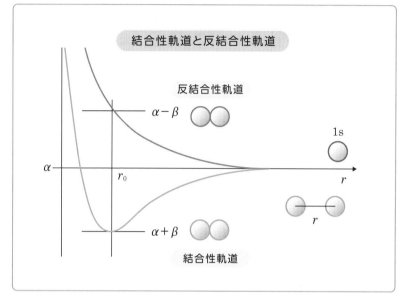

結合性軌道と反結合性軌道

反結合性軌道

$\alpha - \beta$

1s

α　　r_0　　　　　　　　　　r

r

$\alpha + \beta$

結合性軌道

りょうしかがくの窓

原子・分子を見る

　不確定性原理のおかげで原子の形をハッキリと見た人はいません。原子を見ることができないのですから、当然、その結合も見ることはできません。結合性軌道、反結合性軌道がどのような物かはもちろん、そのような物が実際にあるかどうかもわからないのです。ただ、結合を本書で書いたようなものと仮定すると、「現代科学が明らかにした」分子の性質を、全て合理的に解釈できるのです。ということは、科学が進歩して、分子の新しい性質が発見されたら、量子化学以上の理論が誕生する可能性があることを意味します。ニュートン力学が量子力学に置き換えられたのと同じことです。

電子が入った軌道によって結合エネルギーが変化する

―― 電子配置と結合エネルギー

　原子が分子を作ることによって安定化したエネルギー、すなわち結合エネルギーは、「分子の電子が持つ軌道エネルギーの総和」と「原子の電子が持つ軌道エネルギーの総和」を比べることでわかります。つまり、分子における電子の配置を見ると計算することができるのです。

　原子に属し、原子軌道に入っていた電子は、分子ができると分子軌道に移動します。その際の電子の入り方、つまり分子軌道における電子配置を決める規則は、先に見た原子軌道の場合の約束①～④と同じです。電子はエネルギーの低い軌道から順に電子対を構成しながら詰まっていきます。

　このような図を基に、分子の結合エネルギーを計算してみましょう。

a 水素分子 H_2

　図は水素分子の電子配置です。2個の水素原子に1個ずつ存在した、合計2個の電子は2個の分子軌道のうち、エネルギーの低い結合性軌道に電子対を作って入ります。

　この状態での電子のエネルギーは $E = \alpha + \beta$ の結合性軌道に

2個ですから$2 \times (\alpha + \beta) = 2\alpha + 2\beta$となります。一方原子状態では2個とも1s軌道に入っていたのですからエネルギーは$2 \times \alpha = 2\alpha$であり、その差は$2\beta$となります。

　この2βは2個の原子が結合して分子になることによって安定化したエネルギーなので、これがすなわち、水素の結合エネルギーということになります。このように分子軌道法では結合エネルギーはβ単位で表されます。

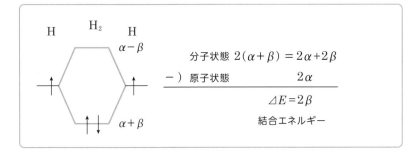

分子状態 $2(\alpha + \beta) = 2\alpha + 2\beta$

－）原子状態 $\qquad 2\alpha$

$\triangle E = 2\beta$

結合エネルギー

b 水素分子陰イオン H_2^-

　水素分子陰イオンは水素分子に電子1個が加わったものであり、全部で3個の電子を持っています。増えた電子は、結合性軌道が満員状態なので仕方なく？ 反結合性軌道に入ります。この結果陰イオン状態の電子のエネルギーは$3\alpha + \beta$となります。一方、結合前の電子は全て1s軌道に入っていたので3αであり、その差、つまり結合エネルギーはβとなります。

　結合エネルギーがあるので結合は存在する、つまりこのイオンは安定に存在できますが、その結合エネルギーは水素分子の半分です。したがって結合は弱く、その結果結合距離は長くなるものと思われます。

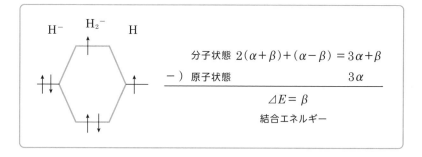

C ヘリウム分子 He_2

　ヘリウムに関しても、原則的に水素と全く同様に考えることができます。結合に関与する軌道は水素と同じ $1s$ 軌道なので、水素の分子軌道をそのまま用いても構いません。

　もしヘリウム分子ができたとすると、その電子は4個です。したがって反結合性軌道に2個入ることになり、エネルギーは結合性軌道と反結合性軌道で相殺されて 4α となります。**したがって結合エネルギーは0となります。つまり、結合エネルギーが無いのです。このため、ヘリウムは分子を作らないのです。**

　このように軌道相関図と電子配置を基に考えると、実在の分子、あるいは仮想の分子の結合エネルギーを簡単に求めることができます。これは分子軌道法の初期の、わかりやすい成果です。

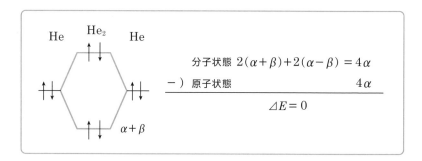

回転可能で強いσ結合と回転不可能で弱いπ結合

── σ結合とπ結合

水素原子の結合は1s軌道に基づく結合でした。しかし結合は1s軌道に基づくものだけではありません。ここでは2p軌道に基づく結合を見てみましょう。すると2種類の結合が生じることがわかります。

σ結合

2個のs軌道が重なることによってできた結合は模式的に図Aで表すことができます。2個の原子A、Bが紡錘形（ぼうすい）の結合電子雲で結ばれているものです。

このような結合状態にある時、原子Aを固定して原子Bを回転したとして、結合に何か変化が起こるでしょうか。何も変化は起きません。**このような結合を「結合軸で回転可能」な結合といい、σ結合と呼びます。**

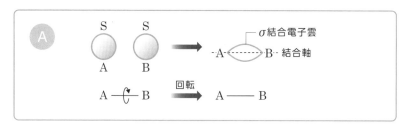

● p軌道によるσ結合

　図Bのように、2個のp_x軌道がx軸上を移動して近づくことによって生じる結合を考えてみましょう。先にp軌道はみたらし型として紹介しました。2個の原子A、Bが近づくとそれぞれのp_x軌道は衝突し、2個のオダンゴのうち、片方が互いにつぶれて接着し、最終的に融合して結合します。

　このようにしてできた結合はs軌道による結合と本質的に同じであり、回転可能なのでσ結合ということになります。

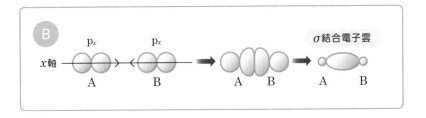

● π結合

　次に図Cのように、2個のp_y軌道がx軸上を近づいたとしましょう。この場合には両軌道が結合距離まで近づくと、まるで2本のみたらしがオダンゴの横腹をくっ付けたような形で接します。そしてこの場合にも2本のみたらしはくっ付くので結合を作ったことになります。このようにしてできた結合をπ結合といいます。

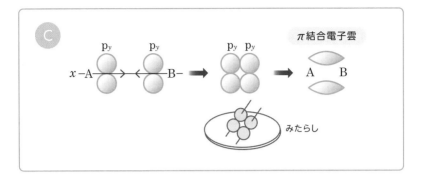

C

π結合電子雲

x –A– B– → A B

みたらし

● π結合の回転

図Dはπ結合を作っている2個のp_y軌道φ_Aとφ_Bのうち、φ_Aを固定したままφ_Bだけを90度回転した図です。2個の軌道は離れていることがわかります。つまり、**π結合は回転すると切断される、回転不可能なものなのです**。これはσ結合と大きく変わる特徴です。

π結合はp_y軌道同士の結合だけでなく、p_z軌道同士の結合からも生じます。

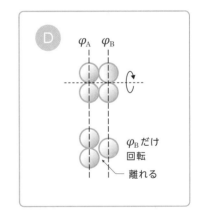

D

φ_A φ_B

φ_Bだけ回転

離れる

● σ結合とπ結合の結合エネルギー

図Eはσ結合とπ結合における軌道の重なり具合を表したものです。わかりやすいように多少誇張してありますが、σ結合では2本のp軌道の半分 (片方同士) はほぼ全面的に重なっています。

つまり、重なり積分S_σが大きく、同様に共鳴積分β_σも大きく

なっています。それに対して π 結合では2個のp軌道は重なるというより接している程度です。重なり積分 S_π、共鳴積分 β_π ともに小さいことを意味します。

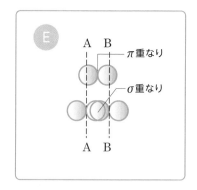

これは σ 結合が π 結合より強い、結合エネルギーが大きいことを意味しています。この関係を表したのが軌道相関図です。σ 結合、π 結合ともにp軌道の相関の結果、結合性軌道と反結合性軌道に分裂しますが、その場合のエネルギー差、β_σ と β_π では β_σ の方が大きくなっているのです。つまり、σ 結合の方が分裂の度合いが大きいのです。

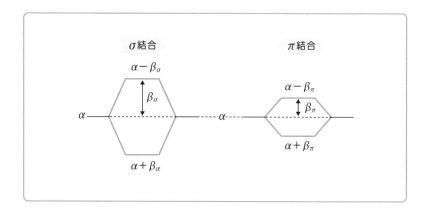

5
－
4

回転可能で強い σ 結合と回転不可能で弱い π 結合

一重結合、二重結合、三重結合

── F−F、O＝O、N≡Nの結合

　前節で共有結合の種類としてσ結合とπ結合を見ました。しかし共有結合の種類としてよく知られているのは一重結合、二重結合、三重結合などです。σ結合、π結合と、これら「何重結合」とがどのような関係にあるのか見てみることにしましょう。

　表はその関係を表したものです。つまり一重結合はσ結合だけでできた結合です。それに対して二重結合、三重結合というのはσ結合とπ結合が組み合わさってできた結合なのです。その関係を次に見てみましょう。

共有結合			
共有結合	σ結合	一重結合	$F-F$, H_3C-CH_3
	π結合	二重結合	$O=O$, $H_2C=CH_2$
		三重結合	$N\equiv N$, $HC\equiv CH$

● 軌道相関図

　図Aはフッ素分子F_2、酸素分子O_2、窒素分子N_2などにおける軌道相関図です。

　これらの原子はK殻に1s軌道、L殻に1個の2s軌道と3個のp軌道、p_x、p_y、p_z軌道を持っています。

　図Aはこのような原子が結合した場合の各軌道の相関の様子を表したものです。p_x軌道はσ結合を作り、p_y、p_zはそれぞれが相関してπ_y結合、π_z結合を作ります。そしてπ_y結合、π_z結合は方向が異なるだけで他に変わる点はありませんからエネルギーは全く同じです。

　この図がF_2、O_2、N_2分子の結合を考える場合の基本図となります。図の下方から見ていくと、まず2個の1s軌道が相関して結合性σ軌道（σ）と反結合性σ軌道（σ^*（シグマスター））ができます。2s軌道も同様に相関してσとσ^*を作ります。

　2p軌道の相関からは前節で見たσ軌道とπ結合、およびそれぞれの反結合性軌道、σ^*、π^*が生じます。分裂の度合いはσの方が大きいです。

　π結合はp_y軌道に基づくものとp_z軌道に基づくものがあります。図はこれらの軌道相関をまとめたものです。

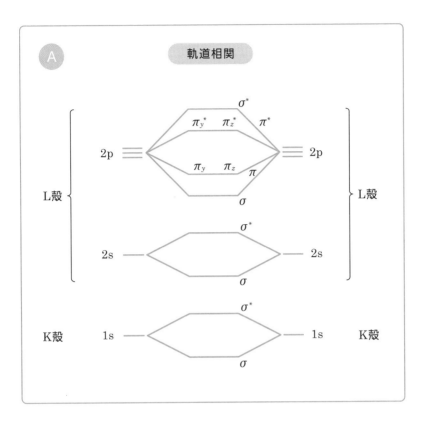

σ^*

π_y^* π_z^* π^*

2p ≡≡≡ 2p

π_y π_z

π

σ

L殻

L殻

σ^*

2s 2s

σ

σ^*

K殻 1s 1s K殻

σ

● フッ素分子 F_2 の結合：一重結合

　先に水素分子の結合エネルギーを求めたように、フッ素分子の結合状態、結合エネルギーを求めるにも、軌道相関図に下の軌道から順に電子を入れればよいだけです。フッ素原子は1s軌道に2個、2s軌道に2個、2p軌道に5個、合計9個の電子を持っています。分子になれば合計18個の電子です。

　図Bは上で見た軌道相関図に下から順に18個の電子を収めた図です。1s軌道の電子はσとσ^*に2個ずつ入るので、結合エネルギーは相殺されて0になります。したがって実効性のある結合

は生じません。2s軌道による結合も同様に相殺されます。

しかし、2p軌道による結合では1本のσ、2本のπ、そして2本のπ^*にまで電子が入っています。このため、2本のπ軌道はπとπ^*で相殺されてしまいます。この結果、フッ素分子で有効な結合は2p軌道によるσ結合1本となります。

このような理由によって、フッ素の結合は1本のσ結合による一重結合ということになります。

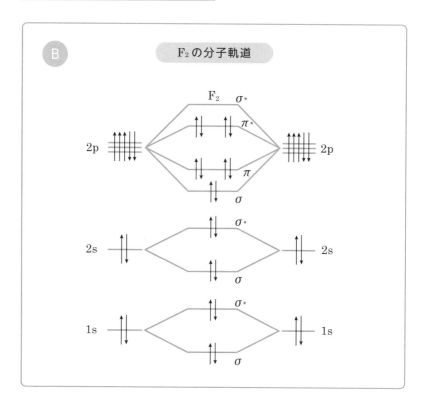

B　F$_2$の分子軌道

● 酸素分子O$_2$の結合：二重結合

酸素原子の持っている電子は1s軌道に2個、2s軌道に2個、

2p軌道に4個、合計8個、分子では16個です。

a 二重結合の意味

　図Cは軌道相関図に下から順に16個の電子を収めたものです。フッ素の場合と同じように1s軌道と2s軌道の分は相殺されてしまいます。

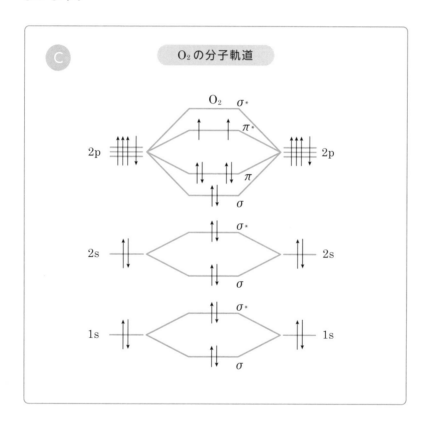

C **O₂の分子軌道**

　問題は2p軌道による結合です。電子はσと2本のπに入っています。変なのはその上の2本のπ^*です。2本のπ^*に1個ずつの電子が入っています。これは先に原子の「電子配置の約束」で

見た第4項。つまり、軌道エネルギーが同じなら「スピンの方向を揃えた方が安定」という原理によるものです。

　もしこの2個の電子が1個のπ^*に入ったら電子はスピン方向を逆にしなければなりません。それでは不安定になってしまいます。そこで1個ずつ別々の軌道に入っているのです。このような電子を不対電子というのは先に見た通りです。しかし、結合エネルギーに対する効果は、1本のπ^*に2個で入った場合と同じです。

　つまり、酸素分子では2本のπの内、1本はこのπ^*によって相殺されます。**この結果、酸素の結合は1本のσ結合と1本のπ結合とで二重に結合していることになります。このような結合を二重結合といいます。全ての二重結合は1本のσ結合と1本のπ結合からできています。**

b 結合電子雲

　化学では二重結合を表すのに次の図のようにします。つまり、原子上にp_y軌道を細身にかき、その上下を2本の線で結ぶのです。右の図は結合電子雲の模式図です。**原子と原子を結ぶ軸（結合軸）に沿って紡錘形のσ結合電子雲があります。その上下に2本あるのがπ結合電子雲です。この2本がセットになって初めてπ結合電子雲であり、π結合が成立するのです。1本だけのπ結合電子雲というものは不合理で存在できません。**

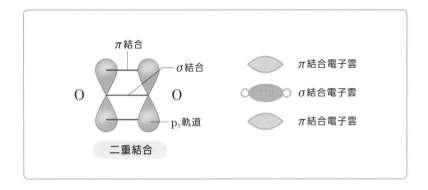

π結合

σ結合

π結合電子雲

O　O

σ結合電子雲

p_y軌道

π結合電子雲

二重結合

C 酸素分子の高い反応性

　酸素分子の特徴は反応しやすいということと、常磁性である、つまり磁石に吸い寄せられるというものです。これらの性質は酸素分子の持つ2個の不対電子のせいなのです。

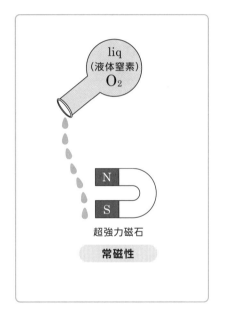

liq
（液体窒素）
O_2

N

S

超強力磁石

常磁性

　一般に不対電子は不安定であり、他の分子の不対電子と一緒になって電子対を作ろうとする傾向があります。そのため、酸素の不対電子は他の電子を求めて他の原子、あるいは分子と反応したがります。これが酸素の大きな反応性の原因です。

d 酸素分子の磁性

　気体の酸素を−183℃に冷却すると液体の酸素になります。これを強力な磁石に近づけると、酸素の液体は磁石に吸い寄せられます。これは鉄が磁石に吸い寄せられるのと同じ現象です。先ほども出ましたが、このような性質を常磁性といいます。

　一般に磁性が現れるのは次の原因によります。荷電粒子がスピンすると磁気モーメントを発生し、磁石の性質を持ちます。しかし磁気モーメントの方向はスピンの方向によるため、スピンの方向の異なる電子からなる電子対では磁気モーメントは相殺されて、磁性は失われます。共有結合は電子対を作る結合です。そのため、

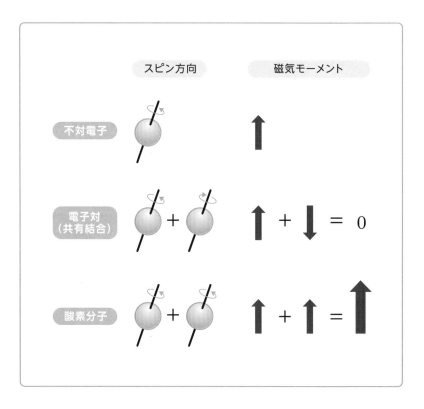

一般の分子は磁性を持ちません。

　しかし酸素分子ではスピン方向が一緒の2個の不対電子を持ちます。そのため、酸素分子は磁性を持つのです。すなわち、液体酸素は強い磁石に引き寄せられます。

　このような酸素分子の特殊な性質を合理的に説明できるのも分子軌道法、つまり量子化学のせいなのです。

● 窒素分子 N_2 の結合：三重結合

　窒素分子の電子配置は図Dの通りです。つまり1本の σ 結合と2本の π 結合で、電子が入っているのは結合性軌道だけです。反結合性軌道には電子は入っていません。

　したがって窒素分子では、2個の窒素原子は1本の σ 結合と2本の π 結合によって三重に結合していることになります。このような結合を三重結合といいます。全ての三重結合はこのように1本の σ 結合と2本の π 結合からできています。

　図Dの下の図は窒素分子の三重結合を模式的に表したものです。2本の π 結合 π_y、π_z に対してそれぞれ2本ずつの π 電子雲が存在するので、合計4本の π 電子雲が σ 結合電子雲を取り巻くように配置されます。しかし三重結合ではこれらの π 電子雲は互いに「流れ寄って」円筒形の電子雲になるといわれています。

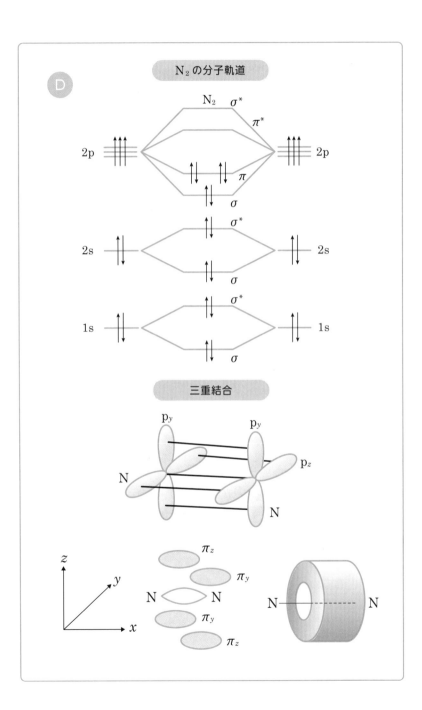

D

N₂ の分子軌道

三重結合

第**6**章

混成軌道と共役系

6-1

電子が作る合挽きハンバーグ

── 混成軌道とは

原子は共有結合を形成するのに軌道を用います。しかし、その軌道は必ずしも、これまでに見てきたs軌道、p軌道というような軌道だけではありません。原子にとってs軌道、p軌道は結合を作るための原料のようなものです。原子はこの原料を適当に再編成して新たな軌道を作ることがあります。このような軌道を混成軌道といいます。

混成軌道の考えは有機化合物を中心に進化してきました。そこで本章でも炭素の結合を中心にして見ていくことにしましょう。

● 混成軌道のエネルギー

混成軌道の考えは単純です。それはハンバーグを例にするとわかりやすいでしょう。例えば、s軌道を1個100円の豚肉ハンバーグ、p軌道を1個200円の牛肉ハンバーグとしましょう。値段は軌道のエネルギーを表すとします。

混成軌道というのは、これらのハンバーグを混ぜた、合挽きハンバーグです。ハンバーグですから大きさは"規格化"されています。したがって豚肉ハンバーグ1個分、牛肉ハンバーグ1個分の原料からは2個の合挽きハンバーグができます。そして形は全

て"ハンバーグ形"で同じです。違いは値段です。合挽きハンバーグの値段は原料肉の重みつき平均、加重平均となります。

　例えば、s軌道1個とp軌道1個からできたsp混成軌道は全部で2個あり、その形は2個とも同じで、バットを太く短くしたような形です。そしてこれをハンバーグで例えると、値段は原料価格の平均で1個150円ずつとなります。

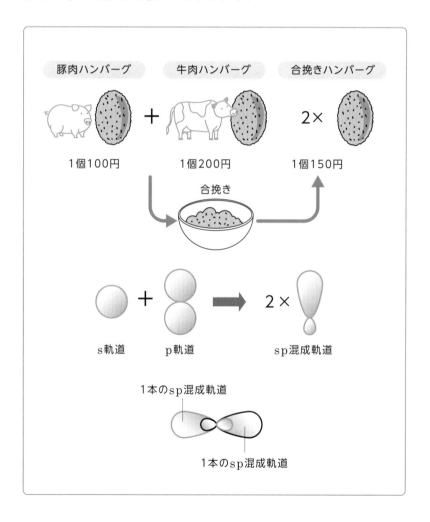

● 混成軌道の軌道関数

　混成軌道にも軌道関数があります。それは原料となる2つの関数の平均で表されます。sp混成軌道ならば、下の式（1）と（2）となります。係数の$\sqrt{2}$は規格化のために付けてあります。2つの関数はエネルギー、形は同じですが、方向が異なる、すなわち2個の混成軌道は互いに180度の角度を持って反対方向を向いています。

混成軌道

$$\varphi_1(\text{sp}) = \frac{1}{\sqrt{2}} \left\{ \varphi(2\text{s}) + \varphi(2\text{p}) \right\} \qquad (1)$$

$$\varphi_2(\text{sp}) = \frac{1}{\sqrt{2}} \left\{ \varphi(2\text{s}) - \varphi(2\text{p}) \right\} \qquad (2)$$

● 混成軌道の利点

　先にσ結合とπ結合に関して見たように、結合の強弱（安定度）は結合を作る原子の軌道の重なり具合によって影響されます。つまり、軌道の重なりが大きければ大きいほど安定で強い結合になります。

　混成軌道の形は1方向に大きく張り出したバットのような形をしています。これは互いに重なるときに大変に有利です。つまり、この有利性を獲得するために原子は結合に際して混成軌道を用いるのです。

6-2

最も基本的な混成軌道

—— sp³ 混成軌道

　s軌道とp軌道を原料とする混成軌道にはsp³（エスピース リー）、sp²、spの3種類があります。

　これらの形、方向、それぞれの混成軌道が作る代表的な有機化 合物を見てみましょう。

● sp³混成軌道とは

　L殻を構成する全ての軌道、すなわち1個の2s軌道と3個の 2p軌道を総動員した混成軌道がsp³混成軌道です。sp³の3はp 軌道が3個使われていることを示します。

　sp³混成軌道は原料軌道の個数と同じ個数、すなわち全部で4 個あり、互いに109.5度の角度で交わっています。これは海岸に 置いてある波消しブロック"テトラポッド"と同じ形であり、軌 道の頂点を結ぶと正四面体形となります。

　炭素はL殻に4個の電子を持っていますが、これが4個の混成 軌道に1個ずつ入ります。その結果、炭素は不対電子を4個持つ ことになります。これが、基底状態で2個の不対電子しか持たな い炭素が4本の共有結合を作ることのできる理由となります。

　炭素は後に見るように全ての混成状態において1個の軌道に1

個の電子を入れ、合計4個の不対電子を作ります。そのため、炭素はどのような場合にも4本の共有結合を作ることができるのです。

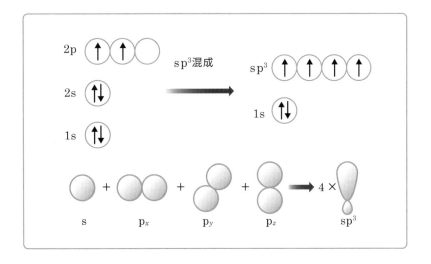

● メタンCH_4の構造

sp^3混成炭素の作る典型的な分子は天然ガスの主成分であり、都市ガスとして各家庭に送られてくるメタンCH_4です。つまり、炭素の4個の混成軌道に1個ずつの水素原子が結合したものがメタンCH_4です。

先に水素分子の結合で見たように、共有結合生成のためには、結合する原子の間で軌道が重なる必要があります。今回なら4個の各混成軌道に4個の水素の1s軌道が重なることです。

したがってメタンの4本の$C-H$結合は全て正四面体の頂点方向を向くことになります。つまりメタンの形はテトラポッド形、あるいは正四面体形ということになります。そしてこの結合は結合回転の影響を受けず、回転可能ですから、全てσ結合というこ

とになります。

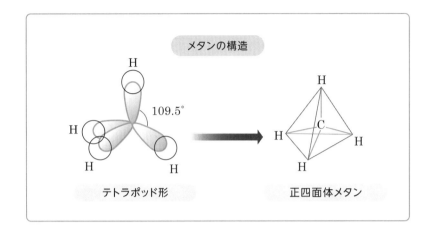

メタンの構造

109.5°

テトラポッド形

H
C
H
H
H

正四面体メタン

● 水 H_2O の結合

　水分子 H_2O を作る酸素原子も sp^3 混成軌道状態です。酸素は L殻に6個の電子を持っていますから、sp^3 混成軌道状態では、4個の混成軌道に6個の電子が入ることになります。

a 水の結合状態

　この結果、2個の混成軌道には2個ずつの電子、つまり電子対が入ります。このようにしてできた電子対を非共有電子対といい、不対電子ではないので共有結合を作ることはできません。問題は残った2個の電子です。この2個の電子は残り2個の混成軌道に1個ずつ入って不対電子となり、水素原子との結合に備えます。

　この2個の混成軌道に2個の水素原子の1s軌道が重なって2本のO－H結合を生成したのが水分子です。この結果、2本のO－H結合の結合角は sp^3 混成軌道の109.5度に近くなりますが、

非共有電子対の間の静電反発が大きいので、反対側がすぼむこと
になって実際は104.5度となります。

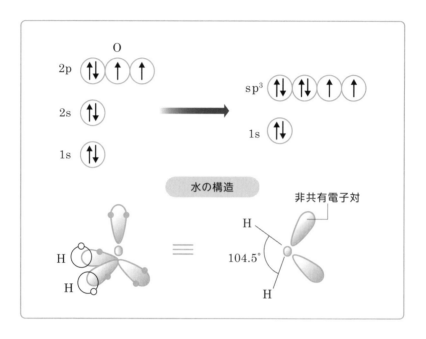

水の構造

非共有電子対

104.5°

b ヒドロニウムイオン H_3O^+ の結合

　水分子は水素イオン（プロトン） H^+ と結合してヒドロニウム
イオン H_3O^+ を生成します。

　水素イオンは水素原子から電子が外れたものですから電子を
持っていません。**つまり水素原子の1s軌道は空っぽになってい
ます。このように電子の入っていない軌道を一般に空軌道といい
ます。**

　水素イオンは水の非共有電子対に結合します。つまり、非共有
電子対の入った sp^3 混成軌道に自分の空軌道を重ねる、と考える
のです。この結果、形式的に $O-H$ 結合と同じ結合軌道ができ、

そこには非共有電子対から来た2個の電子が入ります。

　このようにしてできた新しいO－H結合は他のO－H結合と何ら変わるところはありません。**このように、非共有電子対と空軌道の間でできた結合を特に** 配位結合 **といいます。配位結合は、共有結合とできる過程が異なるだけで、できてしまえば共有結合と何ら変わるところはありません。**

　この結果、ヒドロニウムイオンは三角錐型の分子であり、頂点の酸素に1個（1組）の非共有電子対があることになります。

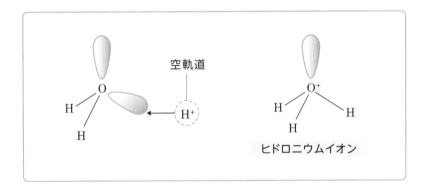

　　　　　空軌道

O

H

H

H⁺

O⁺

H

H

H

ヒドロニウムイオン

C 氷の結合

　先に液体の水中では、水分子は互いに水素結合をしており、その際、酸素原子がマイナスに荷電していることを見ました。

　水の結合状態を見ると、この荷電の様子が詳細にわかります。つまり、水分子の中で電子がたくさん存在するのは非共有電子対であり、これは基本的に4個のsp^3混成軌道の中の2本です。

　つまり、2本のO－H結合と2個の非共有電子対は正四面体に近い構造となっているのです。分子の運動は温度低下とともに減衰します。そして多くの分子では融点になると運動をほぼ停止し

て結晶となります。水の結晶である氷では、分子が規則的に積み重なっています。

　この積み重なり方に影響するのが、非共有電子対の方向です。つまり、水素結合はこの非共有電子対の延長方向にできるのです。この結果、氷の結晶はダイヤモンドと同じ結晶型、つまり、酸素原子は完全な sp^3 混成状態となり、そこから正四面体の頂点方向に4本の O－H 結合が伸びるということになります。

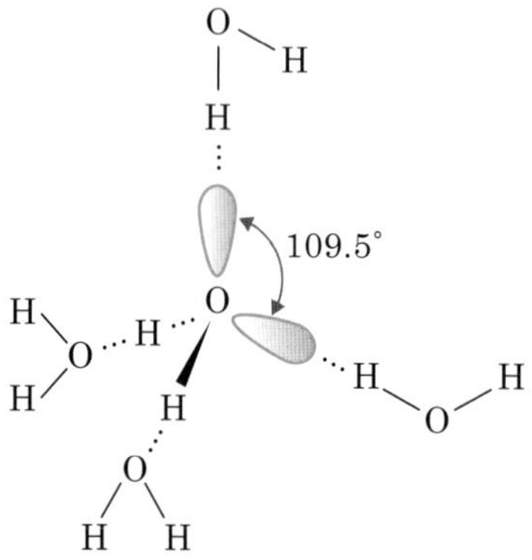

りょうしかがくの窓

クラスター

　上の図で見たような水分子の集合体は、結晶、氷の中にだけあるのではありません。普通の液体の水の中にも存在します。つまり、液体の水を作る水分子は、一分子ずつバラバラに行動しているのではなく、集団を作って行動しているのです。このような集団を、一般にクラスターといいます。

6-3

二重結合、三重結合を作る混成軌道

—— sp² 混成軌道・sp 混成軌道

　分子を作る結合には一重、二重、三重結合などがあります。炭素化合物においてこの二重、三重結合を作る混成軌道が sp² 混成軌道、sp 混成軌道です。

　実は、これらの混成軌道を持っている炭素の結合で、最も重要な働きをしているのは混成軌道ではなく、混成軌道に加わらなかった 2p 軌道なのです。これは大切なことですので、本節ではそこに注意していてください。

● sp² 混成状態の炭素

　sp² 混成軌道は 1 個の s 軌道と 2 個の p 軌道、すなわち p_x、p_y 軌道からできた軌道です。sp² 混成軌道は原料軌道の個数と同じ 3 個あり、全てが xy 平面上にあって互いに 120 度の角度で交わっています。混成軌道が xy 平面に乗るのは、混成軌道を作る p 軌道が p_x と p_y だけであり、z 軸方向の成分が無いからです。

　混成に関係しなかった p_z 軌道はそのままの形と方向を保ったまま残ります。すなわち、混成軌道の乗る xy 平面を垂直に突き刺す（直交）ようにして存在します。

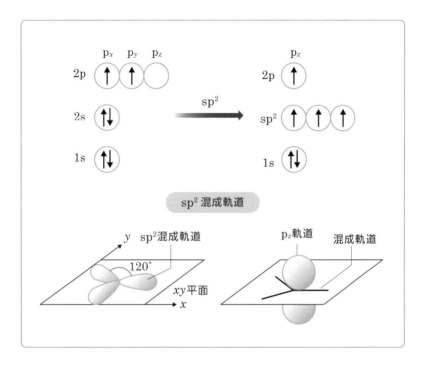

● エチレンのσ結合

　sp²混成状態の炭素が作る典型的な分子はエチレン$H_2C = CH_2$です。エチレンは簡単な構造の分子ですが植物の熟成ホルモンとして重要な働きをしています。

　次の図はエチレンの部分構造であり、sp²混成軌道部分が作る部分だけを抜き出したものです。2個の炭素は混成軌道でσ結合を作って結合し、残りの混成軌道で合計4個の水素とσ結合で結合します。したがって全ての原子はxy平面上にあり、全ての結合角度は基本的にsp²混成軌道の角度の120度となります。

　このような、分子のσ結合部分だけを抜き出した構造を σ骨格ということがあります。σ骨格は分子の基本的な骨格です。

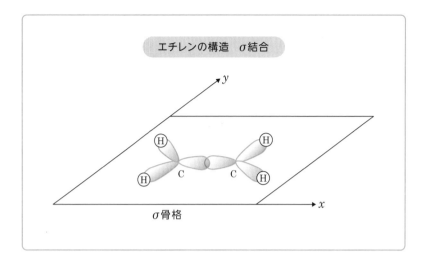

エチレンの構造　σ結合

σ骨格

● エチレンのπ結合

　次の図はエチレンのσ骨格にp_z軌道をかき加えたものです。図を見やすくするため、σ結合は直線で表してあります。

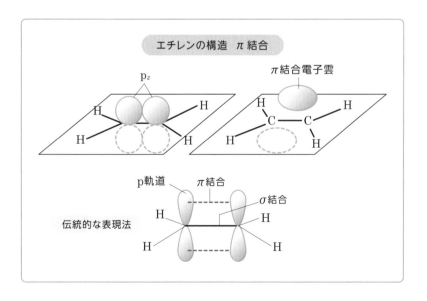

エチレンの構造　π結合

p_z

π結合電子雲

p軌道　π結合

σ結合

伝統的な表現法

2個のp$_z$軌道は2本のみたらしのように横腹を接しています。つまり、π結合を形成しています。**π結合電子雲は先に見たように分子面の上下、すなわち、分子の乗るxy平面の上下2本に分かれて存在しています。**

　このように、エチレンのC－C結合はσ結合とπ結合によって二重に結合しているので二重結合といわれます。全ての二重結合は1本のσ結合と1本のπ結合からできています。そしてエチレン分子は平面形の分子ということになります。

　一般に二重結合は便宜的に、細身にかいた2個のp軌道を横線で結んで表されます。

　二重結合はπ結合を含んでいるので回転することができません。そのため次の図のように、同じ置換基Aが分子の同じ側にきたシス体と反対にきたトランス体とは、互いに異なる分子ということになります。

　このように分子式（$C_2A_2B_2$）は同じだけれど、構造式は異なる分子を互いに**異性体**といいます。エチレンのシス体とトランス体のような異性体を特に**シス・トランス異性体**といいます。

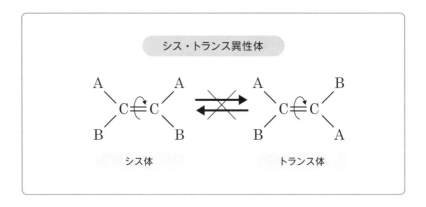

● sp混成軌道：アセチレンの構造

1個のs軌道と1個のp軌道からできた混成軌道をsp混成軌道といいます。sp混成軌道は2個あり互いに反対方向を向きます。混成に関係しなかったp_y、p_z軌道はそのままの形と方向で残ります。

sp混成炭素が作る典型的な分子はアセチレン $HC \equiv CH$ です。次の図Aはアセチレンのσ骨格です。2個の炭素はsp混成軌道でσ結合を作り、もう1本の混成軌道で水素とσ結合をします。したがって4個の原子HCCHは全て一直線上に並ぶことになります。

図Bは先に見た窒素分子と同じようにπ結合を加えたものです。このようにアセチレンのC−C結合はσ結合1本、π結合2本の合計3本の結合を使った三重結合で結合しています。

2本のπ結合は互いに90度の関係で配置されていますが、π結合電子雲は互いに流れ寄って円筒形の電子雲を形作っているものと思われます。したがって三重結合は全体として回転可能と思われますが、実験的に検証することは不可能です。

アセチレンと酸素ガスO_2の混合物を燃やしたものは酸素アセチレン炎と呼ばれ、3000℃ほどの高温となります。そのため、工事現場における鉄板や鉄骨の溶接に欠かせません。

sp 混成軌道

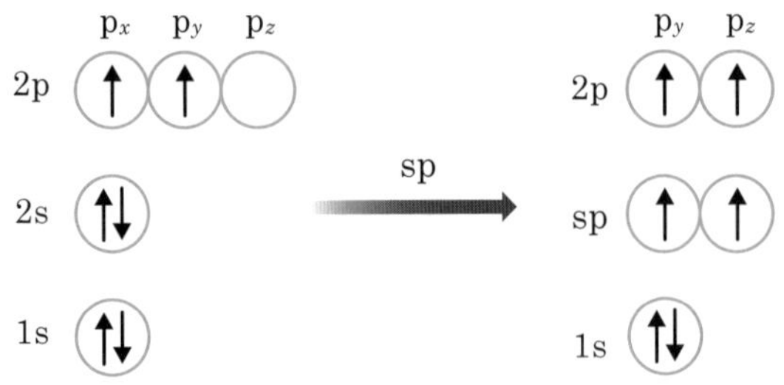

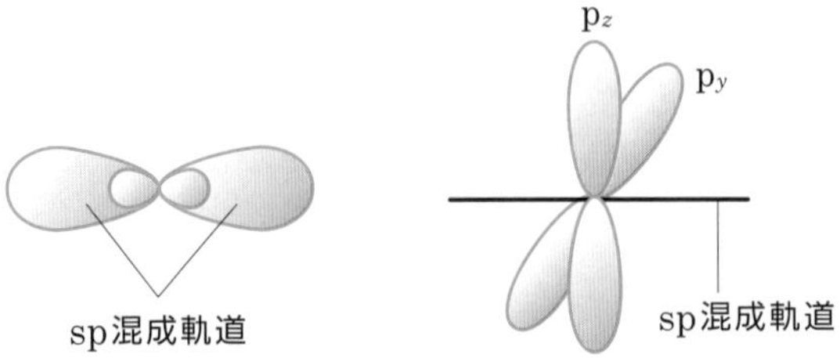

sp混成軌道

sp混成軌道

アセチレンの構造

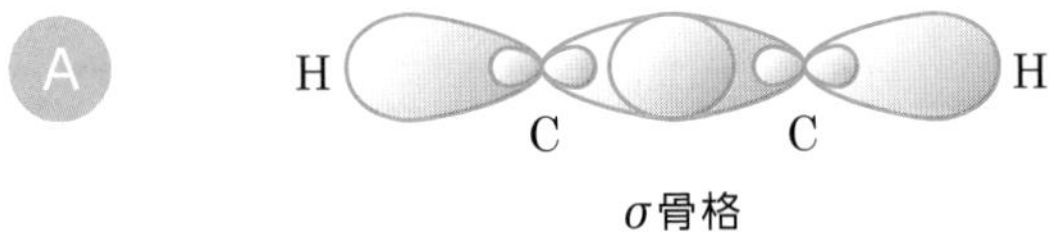

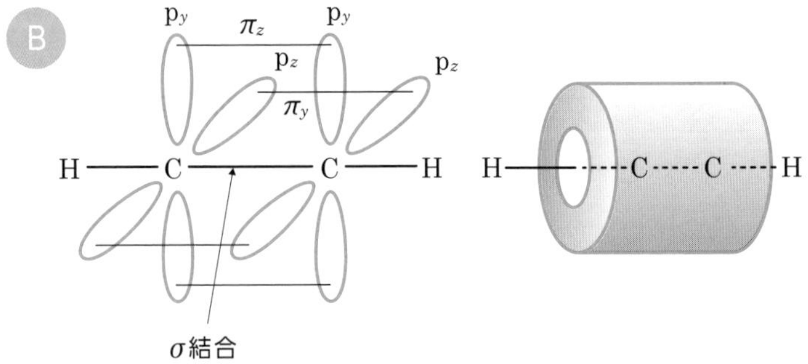

A

σ骨格

B

σ結合

6-4

∞ 一重結合と二重結合の中間

── 共役系の結合状態

　何本かの二重結合と一重結合が交互に並んだ結合を全体として共役二重結合といいます。共役二重結合を持つ共役系には長い物から短い物までいろいろの種類がありますが、それぞれ固有の興味深い物性と反応性を持ち、生物学的にも重要な物がたくさんあります。

● 共役二重結合とは

　図Aの**ブタジエン**は$C_1 - C_2$、$C_3 - C_4$の間に2本の二重結合を持っていますが、その間、$C_2 - C_3$間には1本の一重結合が存在します。このように、二重結合と一重結合が交互に並んだ結合を、全体として共役二重結合といいます。

　ブタジエンの4個の炭素は全てがsp^2混成軌道であり、全てがp軌道を持っています。次の図Bはブタジエンのp軌道部分だけを描いたものです。4個のp軌道が全て横腹を接しています。これは$C_1 - C_2$、$C_3 - C_4$間だけでなく、$C_2 - C_3$間にもπ結合が存在することを示すものです。

　図Cは上の事実を踏まえて$C_2 - C_3$間を二重結合とした図です。しかしこの構造式ではC_2とC_3は結合の手が5本ずつとなってお

第
6
章

∞

混
成
軌
道
と
共
役
系

147

り、「炭素の結合の手は4本」という原理に反します。

　一方、図Aではπ結合の本数に不合理があります。つまり、ブタジエンでは図A、C双方ともに不合理な部分を抱えており、いわば間違った構造式なのです。

● 共役系の表現

　ではどうすればよいのでしょうか。実は、どうしようもありません。現在私たちが用いている構造式は19世紀に活躍したドイツの科学者ケクレが提案したものですが、そのケクレの構造式の限界が露呈したとしかいいようがありません。

　といっても、ケクレの構造式に代わる構造式もないことから、現在ではブタジエンの構造式は図Aとかくことにし、その上で実際はπ結合は図Bのようになっているのだと、理解し合うことで世界中の科学者が約束しているのです。

表記の方法はともかくとして、ブタジエンのπ結合がC_1からC_4まで、つまり分子全体に広がっているのは事実です。このようにπ結合が2個以上の炭素上に広がっている系を一般に共役系といいます。そして、このように共役系全体に広がったπ結合を非局在π結合、その電子雲を非局在π電子雲、それに対してエチレンのπ結合のように一カ所に固定されたπ結合を局在π結合といいます。

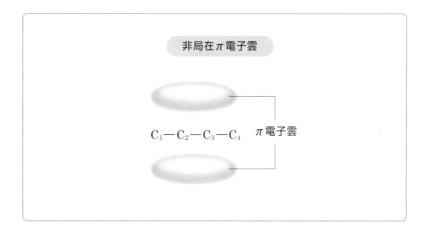

● 共役系の種類

　共役系の種類はたくさんありますが、大きく鎖状系と環状系に分けることができます。

a 鎖状系

　鎖状系はブタジエンのように、共役系が直線状に長く伸びた分子です。二重結合の個数はブタジエンの2個、ヘキサトリエンの3個、オクタテトラエンの4個などと際限がありません。最も長

いのは伝導性高分子で知られた**ポリアセチレン**でしょうが、ここでは二重結合が1000個以上もつながっているようです。

　これらの分子では、π結合が分子の端から端までつながっており、ポリアセチレンではπ結合を構成するπ電子が、長いπ電子雲の中を移動することによって、金属の自由電子のように電流を構成しているものと考えられています。

	二重結合
ブタジエン	2個
ヘキサトリエン	3個
オクタテトラエン	4個
ポリアセチレン	1000個以上

b 環状系

　物性、反応性に興味深いものを持つのが、鎖状共役系の両端が結合して環状になった環状共役系です。有機化合物の中で最も重要といってよいベンゼンは、3個の二重結合から成る環状共役系です。また、2個の二重結合を持つ**シクロブタジエン**、4個の二重結合を持つ**シクロオクタテトラエン**なども興味深い物性を持っ

ています。

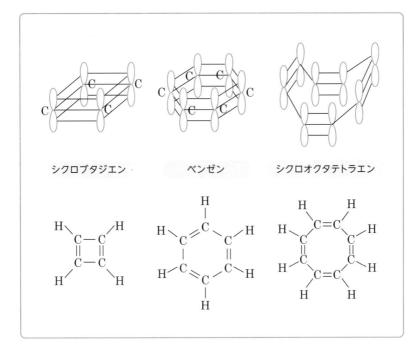

シクロブタジエン　　　　　ベンゼン　　　　シクロオクタテトラエン

りょうしかがくの窓

結合角度

　上の図に示した環状共役化合物の炭素は全てsp^2混成状態です。sp^2混成軌道の角度は120度です。正6角形のベンゼンは結合角度が120度ですから、軌道の角度と結合角度が一致するので問題はありません。

　しかし、他の2個の化合物では分子の角度と結合角度が一致しません。そのため、これらの分子は平面形ではなく、立体的に歪んだ形になっています。これらの要素が分子の性質に微妙な影響を与えます。

6-5

3個、5個、7個など奇数個の炭素が作る共役系

—— 奇数炭素系の共役化合物

　ここまでに見てきた共役系は全て偶数個の炭素からなる系でした。しかし奇数個の炭素からなる共役系もあります。このような化合物は全て不安定なものばかりであり、単離することはほとんど不可能ですが、非常に興味深い物性、反応性を持っています。

● アリル $CH_2 - CH - CH_2{}^*$ の結合状態

　プロペンは π 結合を作る2個の sp^2 混成炭素と1個の sp^3 混成炭素からできています。この sp^3 炭素部分に付いている3個の水素のうち、1個を取り除くと、sp^3 混成炭素が sp^2 混成に編成替えしてアリルとなります。

　つまり、アリルでは3個の sp^2 炭素が並ぶことになり、ブタジエンの場合と同様に3個のp軌道が並び、3個の炭素原子が π 結合で結ばれることになります。つまりアリルは3個の炭素原子からなる共役系となるのです。アリルは全ての共役系の中で最小のものです。

● アリルの電子状態

アリルにはプロペンの水素Hがどのような電子状態で取り除かれるかによって、ラジカル、陽イオン、陰イオンの三つの状態があります。

sp^3炭素に結合するHは全て2個の結合電子によって炭素と結合しています。

- **アリルラジカル**：Hが2個の結合電子の内、1個だけを伴って取り除かれたら、つまりH・（水素ラジカル：水素原子と同じ意味、（・は電子を表す））として取り除かれたら、炭素には残りの1個の電子が留まり、アリルのπ電子は全部で3個となります。この状態をアリルラジカルといいます。ラジカルは電気的に中性です。

- **アリル陽イオン**：もしHが2個の結合電子を持って、つまり水素陰イオンH^-として取り除かれたら、アリル部分に残ったπ電子は2個だけとなり、中性状態より電子が1個少なくなりま

す。この状態をアリル陽イオンといいます。
- **アリル陰イオン**：反対にHが電子を伴わず水素陽イオンH^+（プロトン）として取り除かれたらアリル部分のπ電子は4個となります。この状態をアリル陰イオンといいます。中性状態より電子が1個多くなります。

※：・ アリルラジカル …3電子
　　+ アリル陽イオン …2電子
　　− アリル陰イオン …4電子

● 長い奇数炭素の鎖状共役系

　炭素数が増えた場合にも全く同じに考えればよいだけです。ブタジエンにメチレン基CH_2が付いたような形の分子の場合には5個の炭素上にπ電子雲が広がった共役系ができます。

● 環状の奇数炭素共役系

　環状化合物の場合にも全く同様に考えることができます。シクロプロペンは2個のsp^2炭素と1個のsp^3炭素からできた環状化合物です。これから、sp^3炭素上のHが1個外れたら、その炭素はsp^2混成軌道に編成替えします。

　この結果、3個の炭素全てがsp^2混成となり、各炭素上にp軌

道が存在することになります。この3個のp軌道は互いに横腹を接することになり、3個の炭素上に環状に広がるπ結合電子雲を作ります。

　全く同じように、5角形の環状分子**シクロペンタジエン**からは5角形の環状π電子雲、7角形の環状分子**シクロヘプタトリエン**からは7角形の環状π電子雲が生成されます。

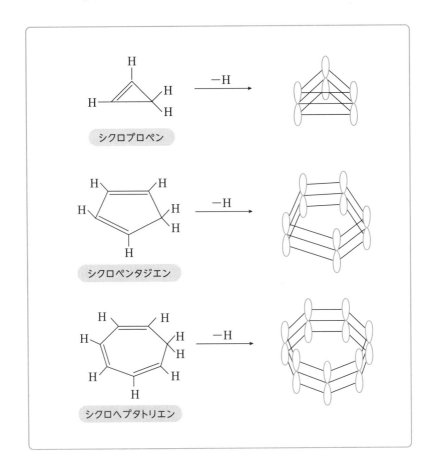

球状共役系

　共役系には直線状に伸びた鎖状共役系と、環状に広がった環状共役系があります。しかし、共役系の中には平面状に広がった物の他に、立体形の球状や円筒状に広がった物もあります。

　平面形の物はグラフェンと呼ばれ、ベンゼン環が縦横に広がったものです。その形は鳥かごの金網のような状態で、鉛筆の芯、グラファイトはこのグラフェンが何枚も重なったものです。

　球状の物はC_{60}フラーレンの名前でよく知られた分子です。これはその名前の通り60個の炭素原子だけでできた分子であり、炭素は全てsp^2混成状態です。

　円筒状の物はカーボンナノチューブと呼ばれます。これはひっぱり強度が大変に強いので、将来人工衛星と地上を結ぶ宇宙エレベーターができたときにはそのロープになるものと期待されています。

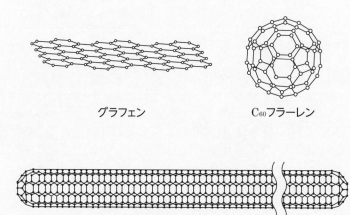

グラフェン　　　　　　　C_{60}フラーレン

カーボンナノチューブ

第7章

共役系の分子軌道

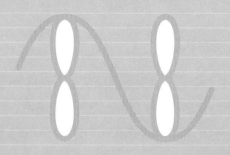

分子軌道法の基礎

── エチレンの分子軌道とエネルギー

　最近の有機化合物は、これまでの有機化合物では考えられなかったほどの幅広い機能と能力を獲得しています。歯車になり、ライフル銃の弾丸を弾き返す有機高分子、電気抵抗無しに電気を通す有機超伝導体、磁石に吸い付く有機磁性体、光を電気に変える有機太陽電池、電気で発光する有機ELなど、かつてはSFの世界でしか考えられなかった有機化合物が、現在では全て現実に存在しています。

　これらの有機化合物には共通した特徴があります。それは共役二重結合を持った共役系であるということです。ここでは、共役系の分子軌道とそのエネルギー関係を見ていくことにしましょう。

● エチレンの結合状態

　前章で見たようにエチレンを構成する炭素はsp^2混成であり、C＝C二重結合はσ結合とπ結合とで二重に結合しています。

　σ結合は独立性の強い結合であり、隣にどのような結合がこようと影響されることはあまりありません。したがって、分子全体のσ結合エネルギーは、個々の結合のσ結合エネルギーを足し合わせれば、求めることができます。

しかし、π結合は違います。エチレンは1本の二重結合を持っていますが、ブタジエンは2個持っています。それではブタジエンのπ結合エネルギーはエチレンの2倍か、というとそうではありません。また、前章で見たようにブタジエンのπ結合は3本と見ることもできるのだから、エチレンの3倍か、というとそうでもありません。

　それでは、ブタジエンのπ結合エネルギーはどう考えたらよいのでしょう。それを求めるのが量子化学計算であり、分子軌道計算なのです。

● エチレンの分子軌道関数

　非局在二重結合を持つ共役化合物の分子軌道計算を見る前に、単純な局在二重結合を持つエチレンの分子軌道計算を見ておきましょう。

a σπ分離

　エチレンのC＝C二重結合はσ結合とπ結合からできています。しかし、σ結合とπ結合は互いに独立していると見ることができます。つまり、分子の結合エネルギーはσ結合とπ結合とに分離して考えることができるのです。

　これを「σπ分離の仮定」といいます。仮定というのは、「正確なことをいえば、σ結合とπ結合は互いに影響し合っているのだが、近似として互いに独立なものとして考えよう」という意味です。

　次の図はこの考えに従って、エチレンのσ結合部分とπ結合部

分を分けてかいたものです。

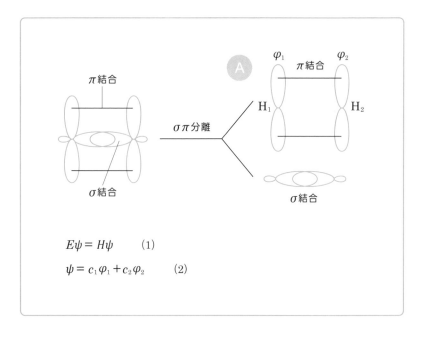

$$E\psi = H\psi \qquad (1)$$

$$\psi = c_1\varphi_1 + c_2\varphi_2 \qquad (2)$$

b エチレンπ結合の軌道関数

上の図Aはエチレンの$C = C$二重結合のうち、π結合部分だけを取り出したものです。2個の2p軌道φ_1とφ_2から分子軌道ψができていることを表しています。

この系に対応するシュレーディンガー方程式はこれまでの類推によって上の式（1）となり、関数は式（2）となります。

ところで、ここまで見れば、先に見た水素分子の共有結合とそっくりなことに気付かれたのではないでしょうか。違いは、水素分子の1s軌道とエチレンπ結合の2p軌道だけです。したがって、水素分子の総決算に当たる5章1節の図で、水素の1s軌道となっていた軌道φを炭素2p軌道に読み換え、クーロン積分αを

水素の1s軌道エネルギーから炭素の2p軌道エネルギーと読み換えれば、そっくりそのままエチレンのπ結合に適用できることになることがわかります。

　次の図Bはその関係を表したものです。エネルギーαの2個のp軌道φ_1とφ_2が結合して結合性π分子軌道ψ_bと反結合性π分子軌道ψ_aができます。そして各々のエネルギーは$E_b = \alpha + \beta$と$E_a = \alpha - \beta$となっています。

　軌道関数は図Cに示した通りです。関数のマイナス部分にアミを掛け、プラスの部分を曲線で結びました。このようにすると波動関数が本当に波のようになっていることがわかります。

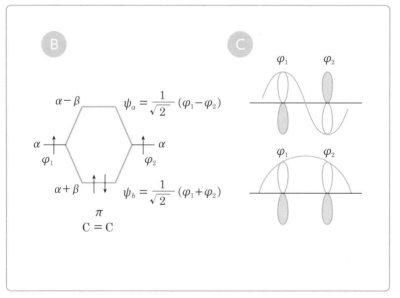

B

$\alpha - \beta$　　$\psi_a = \dfrac{1}{\sqrt{2}}(\varphi_1 - \varphi_2)$

α　↑　　　↑　α
φ_1　　　　　φ_2

$\alpha + \beta$　↑↓　$\psi_b = \dfrac{1}{\sqrt{2}}(\varphi_1 + \varphi_2)$

π
C = C

C

φ_1　　φ_2

φ_1　　φ_2

　結合性軌道は原子軌道関数の和であり、反結合性軌道は差です。したがって反結合性軌道には節が存在することになります。つまり、先に見た水素分子の場合と全く同じなのです。

● エチレンπ結合の結合エネルギー

π結合エネルギーの求め方は、先に水素分子などで行なったのと全く同じ計算法です。つまり、エチレンのエネルギー準位図において、エチレンのC＝C二重結合を形成する2個のπ電子はエネルギーの低い結合性π軌道に入ります。この結果、2個のπ電子のエネルギーは$2(\alpha + \beta)$となります。一方、結合する前の電子エネルギーは炭素2p軌道エネルギーαですから、π結合生成によって安定化したエネルギー、つまりπ結合エネルギーは「2β」となります。

ここで求めた、エチレンの「局在π結合」の結合エネルギーが「2β」であるということは、今後、分子軌道法における全てのπ結合エネルギーの「基準」となります。心に刻みつけて頂けると嬉しいです。

$$\pi^* \text{———} \alpha - \beta \qquad 結合後\ E = 2(\alpha + \beta)$$

$$\pi \ \uparrow\downarrow \ \alpha + \beta \qquad \underline{-)\ 結合前\ E = 2\alpha}$$

$$\Delta E = 2\beta$$

$$\pi結合エネルギー$$

共役系の分子軌道法の基礎

―― ブタジエンの分子軌道とエネルギー

局在 π 結合の分子軌道関数、分子軌道エネルギーが明らかになったところで、いよいよ共役系つまり非局在 π 結合の分子軌道関数、分子軌道エネルギーを求めることに入りましょう。

● シュレーディンガー方程式とその解

ブタジエンのシュレーディンガー方程式は基本的にエチレンの場合と同じです（式 (1)）。違うところは炭素数が4個（$c_1 \sim c_4$）に増えていることだけです（式 (2)）。この関係をこれまでの関係式に代入し、機械的に計算すると、式 (3) のように変数 $c_1 \sim c_4$ による連立方程式（係数の方程式）が得られます。

この関係から永年方程式を求めて機械的に計算するとエネルギーとして式 (4) の4個、それに対応する軌道関数として式 (5) の4個が求まります。

$$E\psi = H\psi \qquad (1)$$

$$\psi = c_1\varphi_1 + c_2\varphi_2 + c_3\varphi_3 + c_4\varphi_4 \qquad (2)$$

$$\left.\begin{array}{l} c_1\left(H_{11}-ES_{11}\right)+c_2\left(H_{12}-ES_{12}\right)+c_3\left(H_{13}-ES_{13}\right)+c_4\left(H_{14}-ES_{14}\right)=0 \\ c_1\left(H_{21}-ES_{21}\right)+c_2\left(H_{22}-ES_{22}\right)+c_3\left(H_{23}-ES_{23}\right)+c_4\left(H_{24}-ES_{24}\right)=0 \\ c_1\left(H_{31}-ES_{31}\right)+c_2\left(H_{32}-ES_{32}\right)+c_3\left(H_{33}-ES_{33}\right)+c_4\left(H_{34}-ES_{34}\right)=0 \\ c_1\left(H_{41}-ES_{41}\right)+c_2\left(H_{42}-ES_{42}\right)+c_3\left(H_{43}-ES_{43}\right)+c_4\left(H_{44}-ES_{44}\right)=0 \end{array}\right\} \quad (3)$$

$$\left.\begin{array}{l} E_4=\alpha-1.6182\beta \\ E_3=\alpha-0.6182\beta \\ E_2=\alpha+0.6182\beta \\ E_1=\alpha+1.6182\beta \end{array}\right\} \quad (4)$$

$$\left.\begin{array}{l} \psi_4=0.3714\varphi_1-0.6015\varphi_2+0.6015\varphi_3-0.3714\varphi_4 \\ \psi_3=0.6015\varphi_1-0.3714\varphi_2-0.3714\varphi_3+0.6015\varphi_4 \\ \psi_2=0.6015\varphi_1+0.3714\varphi_2-0.3714\varphi_3-0.6015\varphi_4 \\ \psi_1=0.3714\varphi_1+0.6015\varphi_2+0.6015\varphi_3+0.3714\varphi_4 \end{array}\right\} \quad (5)$$

● 軌道エネルギーと軌道関数

　次の図は式 (4)、(5) を図式化したものです。エネルギー準位は $E=\alpha$ を基準にして上下対称となっています。つまり、E_2 と E_3 はそれぞれ $E=\alpha\pm0.6182\beta$ であり、E_1 と E_4 はそれぞれ $\alpha\pm1.6182\beta$ です。このように鎖状共役化合物では全ての場合でエネルギーは α を挟んで上下対称になっています。エネルギーが α より下の軌道は全て結合性軌道であり、α より高い軌道は全て反結合性軌道です。

　ブタジエンの π 電子は4個ですから、2個の結合性軌道に2個ずつ入ります。この電子配置に基づいて結合エネルギーを計算す

ると約4.47βとなります。エチレンの結合エネルギーが2βというザックリとした値だったのに比べると大きな違いがあります。

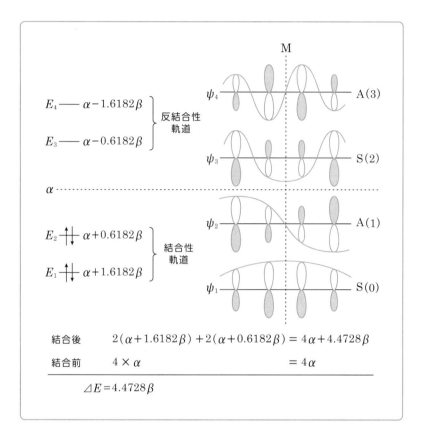

$$E_4 \longrightarrow \alpha - 1.6182\beta$$
$$E_3 \longrightarrow \alpha - 0.6182\beta$$

反結合性軌道

α ⋯⋯⋯⋯⋯⋯⋯⋯⋯⋯⋯⋯⋯⋯

$$E_2 \text{ ⥮ } \alpha + 0.6182\beta$$
$$E_1 \text{ ⥮ } \alpha + 1.6182\beta$$

結合性軌道

ψ_4 ——— A(3)

ψ_3 ——— S(2)

ψ_2 ——— A(1)

ψ_1 ——— S(0)

結合後　$2(\alpha + 1.6182\beta) + 2(\alpha + 0.6182\beta) = 4\alpha + 4.4728\beta$

結合前　$4 \times \alpha$ 　　　　　　　　　$= 4\alpha$

$\varDelta E = 4.4728\beta$

 7-3 軌道関数には独特な対称性がある

—— 軌道関数・節・対称性・形

関数は前節の式（5）を見るよりも図を見た方がわかりやすいでしょう。

● 節

最も低エネルギーのψ_1では全ての原子軌道がプラスで結合しています。したがって節はありません。ψ_2では左半分がプラスであり、右半分はマイナスです。したがって分子の中央に節があります。ψ_3、ψ_4では節の数が2、3個に増えています。

一般に直鎖状共役系の分子軌道の節の個数は、低エネルギーのものから順に1、2、3、…と増えていきます。

● 対称性

関数のプラスマイナスに注意すると、ψ_1は左右対称です。このような軌道を対称（Symmetry）軌道といい、記号Sを付けます。それに対してψ_2は左右対称ではありません。このような軌道を非対称（Asymmetry）軌道といい、記号Aを付けます。

すると関数の対称性は下から順にSASAと規則的に変化することがわかります。一般に対称性を表す記号の後ろに節の個数を

括弧に入れて示します。関数のプラス、マイナスは後に分子の化学反応を考える時に重要な働きをします。

● 形

軌道を表す図では、原子軌道（**ローブ**）の大小は係数の大きさを示します。つまり、ψ_1とψ_4では両端のローブが小さく、中央の2個は大きくなっています。しかしψ_2、ψ_3では反対に、両端が大きく、中央部分が小さくなっています。

ローブのサイン（＋－）を無視して大きさだけを比較するとエネルギーの場合と同じように上下対称になっていることがわかります。**ローブの大小は、次章で分子の性質を考える時に重要な働きをします。**

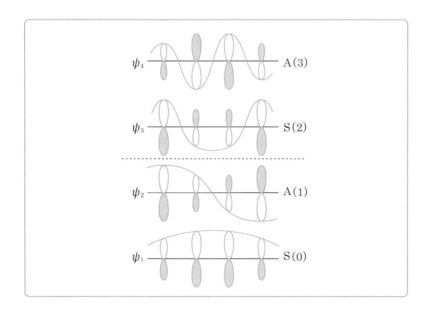

共役系が長くなると
エネルギーの間隔が狭くなる

—— 共役系の長さと軌道エネルギー

　前節で二重結合2個と一重結合1個からなる共役系、ブタジエンの分子軌道を見ました。これよりも長い共役系はどうなるのでしょう？

● 軌道エネルギー

　先に見たように共役系とはsp^2混成炭素が3個以上連続した系のことをいいます。このように考えるとブタジエンはsp^2混成炭素が4個、ヘキサトリエンは6個が連続した系ということになります。

　このような鎖状共役系では、系を構成するsp^2混成炭素の個数をn個とすると、軌道エネルギーは図のように作図によって簡単に求めることができます。

　すなわち、中心をαとした半径2βの半円を描き、中心角πを(n＋1）個に等分します。すると半径と円周の交点の高さが軌道エネルギーの高さを与えるのです。エネルギーの数値は式（1）で計算することができます。

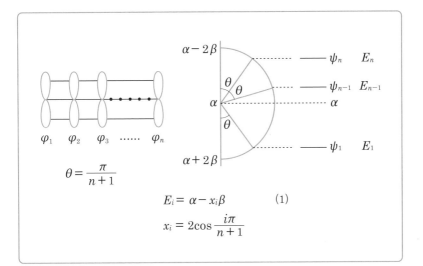

$$\theta = \frac{\pi}{n+1}$$

$$E_i = \alpha - x_i \beta \qquad (1)$$

$$x_i = 2\cos\frac{i\pi}{n+1}$$

● 軌道エネルギーの配置

　上で求めた図から、軌道エネルギーの配置に関して次のことが
わかります。

①軌道関数とエネルギーは炭素の個数だけある。

②エネルギーの最小は $\alpha + 2\beta$ であり、最大は $\alpha - 2\beta$ である。

③エネルギーは $E = \alpha$ を基準にして上下対称に存在する。

④ $E = \alpha$ の軌道を非結合性軌道、それより低エネルギーのものを
　結合性軌道、高エネルギーのものを反結合性軌道という。

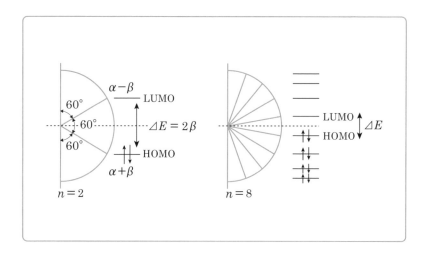

●HOMOとLUMO

　上で見た分子軌道のうち、電子が入っている軌道を<u>被占軌道</u>、電子が入っていない軌道を<u>空軌道</u>といいます。そして被占軌道のうち、最も高エネルギーの軌道を<u>最高被占軌道</u>（Highest Occupied Molecular Orbital、<u>HOMO</u>）、空軌道のうち最も低エネルギーの軌道を<u>最低空軌道</u>（Lowest Unoccupied Molecular Orbital、<u>LUMO</u>）といいます。

　電気的に中性の分子では、HOMOは結合性軌道のうち最高エネルギーの軌道、LUMOは反結合性軌道のうち最低エネルギーの軌道となります。$n = 2$（エチレン）、$n = 8$（オクタテトラエン）の例を次の図に示しました。

● 共役系の長さとエネルギー間隔

　HOMO、LUMOは後に見る光化学反応、熱化学反応で重要な働きをすることになります。

先に見た①、②の結果は、共役系の炭素数が多くなると、軌道のエネルギー間隔が狭くなることを示しています。その間隔をHOMOとLUMOの間のエネルギー差ΔEで見ると、図のように共役系が長くなる（炭素数が多くなる）と、エネルギー間隔が狭くなることがわかります。

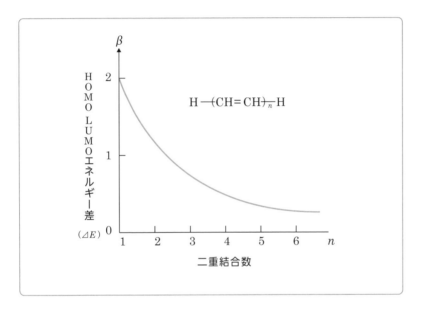

　HOMOとLUMOの間のエネルギー差（ΔE）は共役系を構成する二重結合の個数が多くなるにつれて小さくなります。つまり、軌道エネルギー間の間隔が狭くなるのです。これは後に見る分子の色彩、発光に重要な影響を与えることになります。

分子軌道関数とエネルギーのまとめ

　軌道関数については、ここまでに見てきた通りですが、次のようにまとめることができます。

①軌道は共役系を構成する炭素の個数と同じ個数だけある。

②軌道の対称性は、低エネルギーのものから順にS、A、S、A、…の順に変化する。

③節の個数は、低エネルギーの軌道から順に0、1、2、3、…個と増加する。

　以上のことがわかると、分子軌道計算をしなくとも軌道の概略を描くことができることになります。

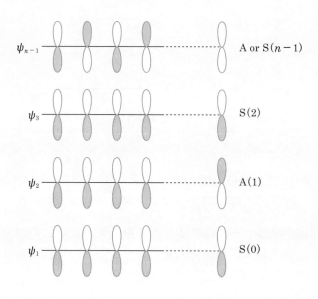

7-5

シクロブタジエンとベンゼンの分子軌道

── 環状共役系の分子軌道

先に見たように、環状の化合物で、全ての炭素が共役系を構成する化合物を、**環状共役系**といいます。

● 軌道エネルギー

環状共役系の軌道エネルギーは、前節と同じような作図によって簡単に求めることができます。

すなわち、$E = \alpha$ に中心を置く半径 2β の円を描き、その円に内接するように環状化合物を正多角形として作図します。その際、頂点の一つを最も下、すなわち $E = \alpha + 2\beta$ に置きます。すると、多角形と円の接点の高さが軌道エネルギーを与える、というものです。

シクロブタジエンとベンゼンの例を図に示しました。シクロブタジエンでは $E = \alpha$ の軌道が2個ありますが、このような、$E = \alpha$ の軌道を一般に非結合性軌道（nonbonding orbital、n軌道）と呼びます。

● 縮重軌道

偶数角形の分子の場合、上下の頂点（$E = \alpha + 2\beta$ と $E = \alpha - 2\beta$）

の他に、2個ずつのエネルギーが組になって現れます。これは同じエネルギーの軌道が2個あることを意味するもので、この様な軌道を縮重軌道といいます。

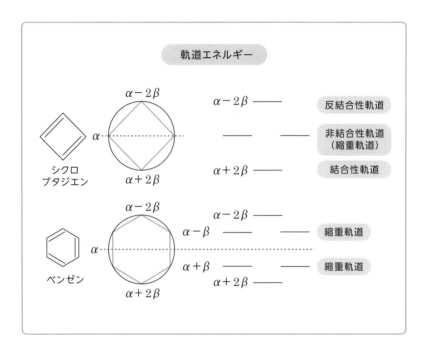

軌道エネルギー

● 分子軌道関数

シクロブタジエンの軌道関数を図に示しました。結合性軌道（$E = \alpha + 2\beta$）には節（面）がありません、非結合性軌道（$E = \alpha$）には1個（1面）、反結合性軌道（$E = \alpha - 2\beta$）には2面の節面があります。そして2個の非結合性軌道の違いは節面の方向の違いとなっています。

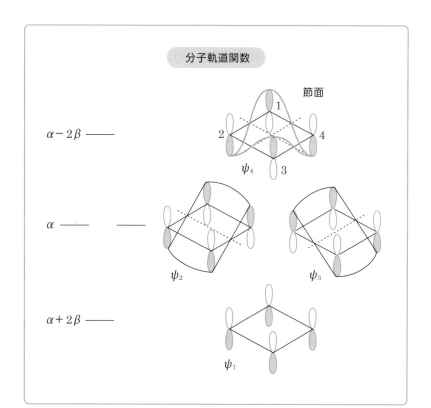

　図は鎖状化合物の場合と同じように、関数のローブのプラス部分を曲線で結んだものです。鎖状化合物の場合と同じように、曲線が分子面を横断する部分を節といいます。

　ただし、環状化合物の場合には節が点ではなく、面となって現れるので特に節面といいます。ψ_2とψ_3でよく現れています。つまり点線の部分で面が分子面を横切っています。

　このようにψ_2とψ_3では節面が1面ずつありますが、ψ_1には節面が無く、一方ψ_4には2面あります。これは軌道エネルギーが大きくなるにつれて節の個数が増えるという鎖状共役系の場合と

同じであることを示しているものです。

　この章では分子軌道の関数だとかエネルギーだとかという一見無味乾燥なことをやってきました。こんなことをやって何の役に立つのだ？　と思うかもしれませんが、とんでもありません。本章でやったことを基にして、分子の性質、反応性を説明、更には反応の進行方向を予言することができるのです。それが量子化学、分子軌道法の醍醐味です。それは次章以降で見ることにしましょう。

りょうしかがくの窓

分子軌道計算

　分子軌道法は結局、永年方程式という行列式を解くことです。ただしこの行列式は大変な大きさです。つまり π 結合だけを計算するにしても、π 電子の個数と同じ行と列になります。π 電子数6個のベンゼンでも6行6列の行列、π 電子数10個のナフタレンでは10行10列です。計算機が無かったらやっていられません。

　しかし、本章をご覧になっておわかりになったように、実は定性的に考えるだけなら行列式を解く必要などないのです。簡単な作図によって軌道エネルギーも軌道関数も求めることができます。そして、このような簡単な操作によって得られる知見が、有機化合物の性質、反応についてモノスゴク重要なことを教えてくれるのです。

　ただし、その、分子軌道法が教えてくれることをきちんと受け止めて理解することができるかどうかは、研究者の能力、力量にかかっています。

第8章

分子の物性と 分子軌道

8-1

 ## 共役系はなぜ安定なのか?

—— 分子の安定性と非局在化エネルギー

　分子軌道法を用いると分子の安定性や物性、反応性を定量的に判定することができます。分子のこれらの性質を判定する経験的、感覚的、定性的方法はこれまでにもいろいろの方法が開発されてきました。

　化学者はそれらの方法を駆使して化学反応や化学合成を行なってきましたが、それを「定量的」に行なうことができるようになったのは分子軌道法の登場によるものでした。

● 結合エネルギー

　ブタジエンの π 結合エネルギー E が $4.47\,\beta$ であることは前章で計算した通りです。この計算は次の図の左に示したように、ブタジエンの結合が共役二重結合であり、π 結合が共役系の端から端まで切れ目なく連続した非局在 π 結合であるとして計算したものでした。その意味でこのエネルギーは、非局在系での結合エネルギー $E_{非局在}$ というべきものでした。

　もしブタジエンの π 結合が非局在していなかったとしたら、結合エネルギーはどうなるのでしょうか。それは図の右のように、エチレンの π 結合と同じ局在 π 結合が2個並んだものとなります。

この場合の軌道エネルギーと電子配置は図のようになり、結合エネルギーはエチレンのπ結合エネルギーの2倍、$E_{局在} = 4\beta$となります。

$E_{非局在}$の4.47βと$E_{局在}$の4β、この違いは何を意味するのでしょうか。これは、非局在系の結合エネルギーの方が局在系より0.47β大きい。つまりブタジエンは局在状態でいるより、非局在状態になった方が0.47βだけ安定化することを意味しているのです。

このような両結合エネルギーの差を非局在化エネルギーDE_π(Delocalization Energy) といいます。

$$DE_\pi = E_{非局在} - E_{局在}$$

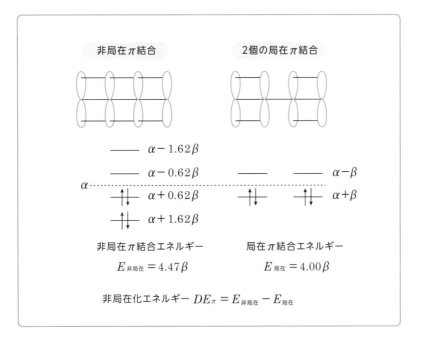

例外を除けば、非局在化できる分子は非局在化した方がエネルギー的に安定になることが知られています。

● ベンゼンの非局在化エネルギー

　ベンゼンは有機化合物の中でも特に安定で変化しにくい化合物として知られています。ベンゼンの非局在化エネルギーを計算してみましょう。

　前章で求めた環状共役系の軌道エネルギーに従って非局在系としての結合エネルギーを求めると8βとなります。一方、局在系として3個のエチレンが環状につながったものとして計算すると6βとなります。つまりベンゼンの非局在化エネルギーは2βという大きなものになります。

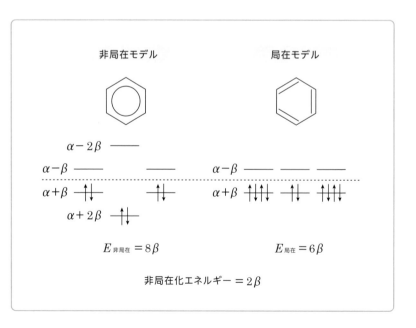

● 共鳴

　分子軌道法が登場する前は、化学者は分子の安定性を見積もる
のに共鳴法という考え方を用いていました。

　これは理論というよりはこじつけのようなものでしたが、その
結果はかなりの精度で「当たる」ことが多かったのも事実です。
共鳴法というのは次のようなものです。

　まず、該当する分子の合理的な構造式を幾つか考え、これを共
鳴構造式（限界構造式）と名付けます。ベンゼンなら構造式Aと、
その二重結合の位置を入れ換えた構造式Bが考えられます。この
時、この2つの構造が「共鳴した結果」できたAとBの平均のよ
うな構造、例えば構造Cを共鳴の結果できた共鳴混成体と呼びま
す。そしてこのようにしてできたCのエネルギーは常にA、Bの
エネルギーより低下すると考え、その安定化した分のエネルギー
を共鳴エネルギーと呼ぶことにしたのです。つまり、「A、Bが
共鳴することによって安定化した」のです。

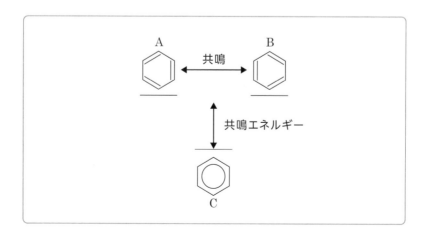

　単純でわかりやすく、応用の利く方法ですが、論拠を聞かれると説明に困ります。しかし、共鳴法が有機化学の発展のために尽くした功績を否定することは誰にもできません。有機化学の現場では今でも共鳴の概念は生き残っています。

　共鳴エネルギーは分子軌道法に翻訳すると非局在化エネルギーに対応するものということができるでしょう。そして、両者の違いは「論理的で定量的」なものと「感覚的で非定量的」なものということができるでしょう。

りょうしかがくの窓

分子の安定性

　分子には安定な物と不安定な物があります。安定な分子は変化することなく、いつまでもその状態を保つものです。ベンゼンは安定な有機分子の典型のようなものです。

　それに対して不安定な物はすぐに分解するか、あるいは他の分子に変化してしまうものです。しかし、不安定という場合には、二つの意味があります。一つはその分子が高エネルギーであり、分解してエネルギーを放出して安定な（破片の）分子になろうとしている場合です。

　もう一つはエネルギー的には安定だが、反応性が激しいので、すぐに隣の分子と反応してしまう場合です。このような分子は、隣に反応相手がいるから反応するのであって、反応相手がいなければそのまま変わらずいつまでもじっとしています。つまり安定にしているのです。安定、不安定、わかり切った言葉のようですが、考えるといろいろのことが出てきます。

π電子はどこにいるのか？

── 分子のイオン性と電子密度

　共役系のπ結合を構成するπ電子は主にどの原子の上にいるのでしょうか。それを示してくれるのがπ電子密度です。

● エチレンのπ電子密度

　ある原子のπ電子密度qは、形式的にその原子上にあるπ電子の個数を表します。

　エチレンのπ電子がどこにあるかを考えてみましょう。エチレンには2個のπ電子が存在しますが、この2個が形式的にC_1、C_2に1個ずつあるとき、q_1、q_2はともに1であるということにします。

　もし、2個ともC_1上にあり、C_2上には何も無いときには$q_1 = 2$、$q_2 = 0$となります。中性の炭素原子は1個のπ電子を持っているので、この場合にはC_1の電荷は-1となり、C_2の電荷は$+1$となります。もちろん、エチレンの電子密度は$q_1 = q_2 = 1$です。

　電子密度は図の式で定義されます。分子軌道関数のうち、問題にしている炭素の係数の2乗を総和したものになっていることに注意してください。要するに、電子は分子軌道関数の大きなローブの所にたくさん存在するということです。

$$\underset{\underset{1}{\cdot}}{H_2\dot{C}} - \underset{2}{\dot{C}H_2} \qquad\qquad \overset{-\ +}{\underset{}{H_2\ddot{C} - CH_2}}$$

$$q_1 = q_2 = 1 \qquad\qquad q_1 = 2,\ q_2 = 0$$

$$q_n = \sum_{\lambda} n_i C_{in}^{\ 2} \qquad (1)$$

$n_i : i$ 番目の軌道に入っている電子の個数

$C_{in} : i$ 番目の軌道における n 番目の原子の係数

$$(\underset{1}{H_2C} = \underset{2}{CH_2})^+$$
エチレン陽イオン

$$—— \qquad \psi = \frac{1}{\sqrt{2}}\,(\varphi_1 - \varphi_2)$$

$$\uparrow\downarrow \qquad \psi_1 = \frac{1}{\sqrt{2}}\,(\varphi_1 + \varphi_2)$$

$$q_1 = q_2 = \left(\frac{1}{\sqrt{2}}\right)^2 = 0.5$$

● イオンの電子密度

　図のエチレン陽イオンの電子密度を式（1）に従って計算すると $q_1 = q_2 = 0.5$ となり、各原子上に半個ずつ存在することがわかります。これは両方の原子が等しく＋0.5に荷電していることを示すものであり、化学的な常識と一致します。

　しかし、ブタジエン陽イオンの場合、その電荷は4個の炭素原子上にどのように分散されるのでしょうか。これは計算しないとわかりません。式（1）で計算すると次の図のようになります。すなわち、4個の炭素原子全てがプラスに荷電しますが、割合は異なり、両端の炭素が特に大きく荷電するのです。これは化学的な常識では出てこない答えです。

電荷

$+0.36 +0.14$
$(H_2C = CH - CH = CH_2)^+$
$0.14 \quad 0.36$

$-0.36 -0.14$
$(H_2C = CH - CH = CH_2)^-$
$1.36 \quad 1.14$

電子密度

ブタジエン陽イオン　　　　　　　　ブタジエン陰イオン

　次の図は環状共役分子の電子密度を表したものです。図の化合物は全て炭素と水素だけでできた分子です。しかも分子全体として電気的に中性の分子なのですから、エチレンと同様に全ての炭素が中性でありそうなものです。

　しかし実際はそうではありません。分子軌道計算によれば、図に示したようにある部分はプラス、ある部分はマイナスに荷電した極性（イオン性）分子であることがわかります。そして、実験結果もそれを支持しているのです。このことに関しては後に「芳香族性」のところでもう一度見直すことにしましょう。

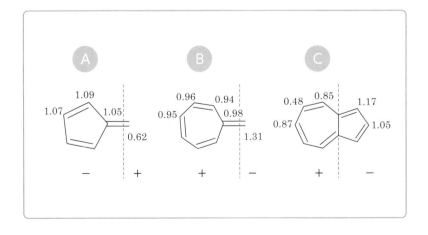

8−3

何重結合と考えたら よいのか？

―― 結合距離と結合次数

　エタンの C − C 結合に π 結合は存在しません。しかしエチレンの C ＝ C 結合には 1 本の π 結合が存在します。炭素 C_r と C_s の間に、形式的に π 結合が何本あるかを示す数値を π 結合次数 p_{rs} といいます。

● 結合次数の定義

　結合の強さは一重結合（π 結合 0 本）＜二重結合（1 本）＜三重結合（2 本）と π 結合の本数が増えるにつれて強くなります。したがって結合次数は結合の強度を表す指数と考えることができます。

　結合次数は図の式（2）で定義されます。すなわち、結合する 2 個の原子の分子軌道関数の係数の積の総和です。したがって、係数の大きな原子間の結合が強いことになります。これは前節の電子密度の考え方と類似のものです。

　すなわち、電子密度がその原子"上"の電子密度を表すのに対して、結合次数は隣り合った原子"間"の電子密度を表しているのです。

$$p = \sum_i n_i C_{ir} C_{is} \quad (2)$$

n_i : i 番目の軌道に入っている電子の個数
C_{ir} : i 番目の軌道における r 番目の
原子の係数

● エチレンの結合次数

エチレンの結合次数を式に従って計算すると $p = 1$ となり、1本の π 結合が存在することになって"化学的常識"と一致します。

それではエチレン陽イオンではどうでしょうか。この場合には式において、結合性軌道 ψ_1 の電子数 n_1 が問題になります。すなわち、陽イオンでは中性エチレンの半分の1個なので、結合次数も半分になって $p = 0.5$ となります。つまり、結合強度は中性分子の半分になります。これは結合が弱くなり、その分 C−C 間の結合距離も伸びていることを示すものです。

エチレン陰イオンの場合には反結合性軌道 ψ_2 に入った1個の電子が結合を弱めるように働き、結果は陽イオンの場合と同じになります。

$H_2C = CH_2$	$(H_2C = CH_2)^+$	$(H_2C = CH_2)^-$
$p = 1$	$p = 0.5$	$p = 0.5$
エチレン	エチレン陽イオン	エチレン陰イオン

$\alpha - \beta$	——	——	⊥
$\alpha + \beta$	⊥⊥	⊥	⊥⊥
	$n_1 = 2, n_2 = 0$	$n_1 = 1, n_2 = 0$	$n_1 = 2, n_2 = 1$

● 励起状態の結合次数

後の章で詳しく見ますが、エチレンに光（光子）が当たると、エチレンの π 電子はそのエネルギーを受け取って軌道 ψ_1 から ψ_2 に移動（電子遷移）します。移動する前の低エネルギーで安定な状態を基底状態、移動した後の高エネルギーで不安定な状態を励起状態といいます。励起状態のエチレンでは結合次数はどうなるのでしょうか。

励起状態では結合性軌道と反結合性軌道に1個ずつの電子があります。そのため、結合次数は結合性軌道と反結合性軌道で相殺されて $p = 0$、すなわち、π 結合が存在しないことになります。

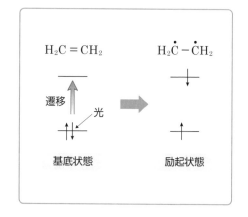

● 共役系の結合次数

先に共役系の結合は一重結合と二重結合の中間のようなものであることを見ました。このことを結合次数の観点で見たらどうなるのでしょうか。

次の図はブタジエンの結合次数を定義式に従って計算したものです。3本の $C-C$ 結合全てに π 結合が存在しますが、その量には大小があることがわかります。すなわち、両端の結合は二重結合性が高く、中央の結合は少ないのです。単純な考えでは現れな

かった π 結合の量が、数値として定量的に現れています。

ブタジエンの結合次数

$$\underset{0.89}{H_2C} \underset{0.45}{CH} \underset{0.89}{CH} CH_2$$

● 結合次数と結合距離

結合次数は結合の強度を表します。結合の強度が現れる実測値として結合距離があります。結合が強ければ原子は強く結び付くので原子間の間隔、すなわち結合距離は短くなり、弱ければ長くなります。

次の図は結合次数と結合距離の関係を示したものです。両者の間にかなりよい比例関係があることがわかります。

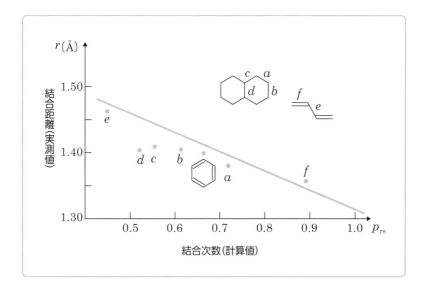

8-4

ラジカルは分子のどこに反応するのか？

── ラジカル反応性と自由原子価

　化学反応においてイオン性の分子Aが他の分子Bを攻撃する場合、Aがプラスのイオンならば分子Bのマイナス部分をめがけて攻撃するし、AがマイナスのイオンならばBのプラス部分を攻撃します。

　しかし、分子を攻撃する試薬はイオンだけではありません。不対電子を持ったラジカルも攻撃します。電気的に中性のラジカルは分子Bのどの部分をめがけて攻撃するのでしょう。それを示してくれるのが自由原子価F_rです。

$$F_r = \sqrt{3} - \sum_i p_{ri}$$

● 価標の疑問

　ブタジエンの結合次数は前節で求めた通りですが、この結合次数を用いてブタジエンの各炭素の価標を計算してみましょう。

　C_1は3本のσ結合（2本の$C-H$結合と1本の$C-C$結合）と0.89本のπ結合だから、価標は合計3.89本となります。一方C_2は、σ結合は3本（1本の$C-H$結合と2本の$C-C$結合）で、

C_1と同じですが、π結合が異なります。すなわち、C_1との間に0.89本、C_3との間に0.45本で、σ結合とπ結合を合計すると4.34本となります。

　炭素の価標は4本のはずなのになぜ、このようなことになるのでしょうか？ それは、本書で紹介した$\sigma\pi$の分離や重なり積分の無視等の各種近似のせいと考えられます。

価標　　3.89　　4.34
　　　　　|　　　　|
　　　　$CH_2 = CH - CH = CH_2$
　　　　　1　　2　　3　　4
　　　　　　　|　　　|
結合次数　　　　0.89　0.45

● 自由原子価

　しかし、ブタジエンという同じ分子に属するC_1とC_2の間で価標に大小があるのは何かの意味があるのかも知れません。そこで、この近似のもとでの価標の最大値は幾つになるのかを調べたところ、トリメチレンメタンの中央炭素の価標が最大値でありその値は$3 + \sqrt{3} = 4.73$となることがわかりました。

　ということはブタジエンのC_1にはまだ結合していない価標が0.89本残っており、C_2にも0.39本残っていることを意味します。ラジカルが攻撃してきたときには、この残った価標がラジカルと反応すると考えることができます。そこでこの残った価標を自由原子価と呼ぶことにしました。自由原子価の定義式は図に示したものです。

実際のブタジエンの反応においても、ラジカル試薬は自由原子価の大きい炭素を攻撃していることがわかります。

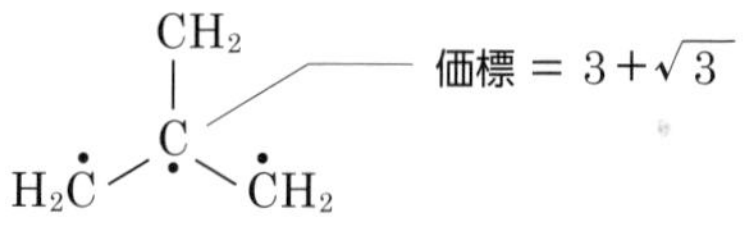

$$\text{価標} = 3 + \sqrt{3}$$

トリメチレンメタン

8
－
4

ラジカルは分子のどこに反応するのか？

りょうしかがくの窓

「転んでもただでは起きない」

転んだら起き上がりますが、そんな時にもケチな人は砂を掴んで起きるそうです。砂だって何かの役に立つことがあるかもしれません。転んだことをも無駄にしないという立派な「ケチ根性」です。

自由原子価の考えには、そんな例えを思い出させるものがあります。同じ分子の炭素の間で価標に違いが出たら、普通は「これは近似の低い計算だから仕方がない」と思って諦めるでしょう。しかし、この時の研究者は違ったのです。普通の人なら見捨てるような現象の中に価値を探したのです。

まさしく「研究者魂ここにあり」の見本のような人ではないでしょうか。

8-5

芳香族とは何だろう？

―― 芳香族性とヒュッケル則

　有機化合物には芳香族といわれる一群の化合物があります。典型はベンゼンです。"芳香"族とはいうものの、多くは"芳香"ではなく、むしろ"悪臭"を放ちます。

　有機化学の立場からは、一般に芳香族は環状共役化合物であり、特有の安定性と反応性を持つものとされます。しかし、芳香族の範囲は広く、どのような化合物を芳香族として認めるか、という問題にはアイマイな部分が残っています。量子化学の立場からこの問題に決着をつけてみましょう。

● ベンゼンの電子配置と安定性

　先に見たように、ベンゼンの電子配置は次の図の通りであり、非局在化エネルギーは2βです。

　ベンゼンから電子1個を取り去ってπ電子数5個の陽イオンにしたらどうなるでしょう。非局在化エネルギーは2βのままです。しかし、分子の安定性はエネルギーだけで決まるものではありません。反応性の面からの安定性も重要な要素となります。

　電子を1個取り除いた結果、ベンゼンには不対電子ができてしまいます。このため分子は不対電子によるラジカルの性質を持ち、

反応性が高くなって他の分子とメッタヤタラに反応してしまいます。つまりエネルギー的には安定ですが、反応性の面から不安定となるのです。

　電子を2個取り去って4π系にしたらどうでしょう。電子は2個の縮重軌道に1個ずつ入り、不対電子を2個持ったジラジカルとなって余計不安定になります。

　それでは電子を加えて陰イオンにしたらどうでしょう。1個加えた7π系ではラジカルとなり、2個加えた8π系ではジラジカルとなって、いずれも反応性の面から不安定となります。つまり<u>ベンゼンが安定なのは6個のπ電子を持った電気的中性状態だけなのです。</u>

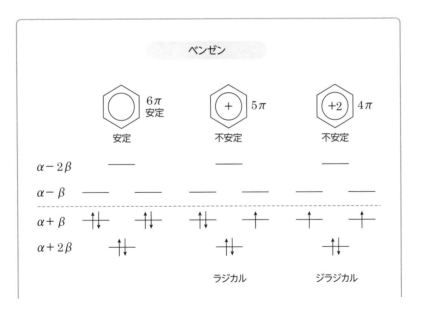

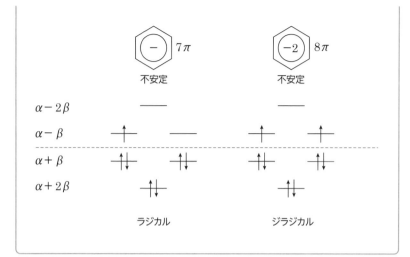

● シクロブタジエンの電子配置と不安定性

　次の図はシクロブタジエンの電子配置です。シクロブタジエン
の π 電子数は4個であり、不対電子が2個あることから、反応性
が高いことが推定されます。

　実際にシクロブタジエンは不安定であり、単離に成功した例は
ありません。しかし、それはシクロブタジエンを純粋な液体や結
晶として取り出したことはない、ということであり、希薄な溶液
としての合成には成功しています。つまり、周囲に反応する相手
の分子が存在しなければ、シクロブタジエンは"安定"に存在し
続けることができるのです。

　シクロブタジエンに電子を2個加えて6 π 系とすると、結合エ
ネルギーに変化はありませんが不対電子は消えるので、安定とな
ります。反対に電子2個をとって2 π 系としても同じように安定
となります。

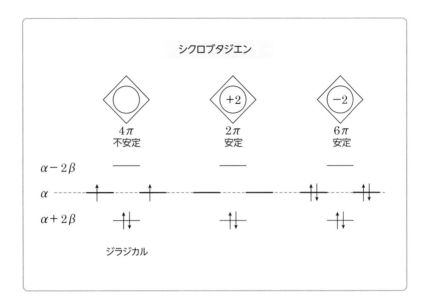

● 奇数員環系

第6章で奇数個の炭素でできた奇数員環化合物の結合状態を見ましたが、これらの電子状態を見てみましょう。

奇数員環化合物の軌道エネルギー準位は前章で見た環状化合物の場合と全く同様に考えることができます。つまり、半径 2β の円内に正 n 角形を作図するのです。ただし、頂点の一つを真下、つまり $\alpha + 2\beta$ に置くことが条件です。各頂点の位置が軌道エネルギーに相当するということです。

図に三員環と五員環の例を示しました。三員環では上で見たのと全く同様に考えて、安定なのは 2π 系のカチオンの場合に限られることがわかります。また五員環では 6π 系のアニオンだけが安定です。

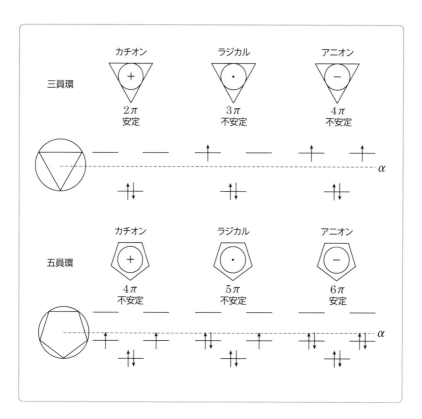

● ヒュッケル則

これまでに見た環状共役化合物で安定なのは、2π系、6π系に限られることがわかります。それ以外の系は全て不安定です。これだけのことから一般則を導き出すのは乱暴ですが、もっと多くの例を検証した結果、次のような結論が得られています。

「環内に（$4n + 2$）個のπ電子を持つ環状共役化合物は芳香族である」

この命題は発見者の名前をとってヒュッケル則と呼ばれ、芳香族の定義として用いられています。

芳香族化合物の性質と反応性

── 芳香族性と分子の挙動

　芳香族性は分子の安定性を表すだけではありません。芳香族性を獲得するため、あるいは芳香族性を放棄するため、分子は自分の形を変えることまでするのです。分子もそれなりに考えているのかもしれません。

● 反芳香族

　特別の安定性を持つ芳香族に対して、4π、8π系、つまり環内に $4n$ 個の π 電子を持つものは特別な不安定性を持つことがわかってます。このような化合物は特に"反芳香族"と呼ばれることがあります。典型的な例はシクロブタジエンです。

● 芳香族と反芳香族の狭間

　ところが、ここまでの定義に合わない分子があります。それが八員環のシクロオクタテトラエンCOTです。これは8個の π 電子を持つ反芳香族ですから、大変に不安定なはずです。ところがこの化合物は普通の安定性を持って存在し、決して特別に不安定な化合物ではありません。

　ところで環状共役系を構成するためには全てのp軌道が平行に

なって接していなければなりません。そうでなければ環状共役系にはならないのです。環状共役系でなければ芳香族も反芳香族もありません。単に局在二重結合が何個か並んだだけの「環状不飽和化合物」に過ぎません。

　図Aは中性のCOTです。平面ではありません。このように曲がった環状形を洋風風呂桶に似ているということでバスフォーム、オケ型といいます。つまりこのような形に身を縮めると、各二重結合は独立してしまい、共役系になることがありません。ですから、特別に不安定になることもなくなるのです。

　ところがこれに電子を2個与えると、10π系になります。これならば共役系になると芳香族となって特別な安定性を手に入れることができます。ということでCOTはパッと身を開いて平面形になるのです。分子も結構「考えている」のです。カワイイモンです。

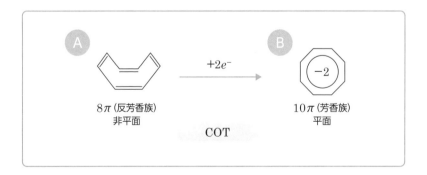

8π（反芳香族）
非平面

$+2e^-$

10π（芳香族）
平面

COT

● 極性系芳香族

　本章2節（p.185）で極性（イオン性）を持った環状化合物を見ました。これらの化合物にはなぜ、プラスの部分とマイナスの

部分が現れるのでしょうか。

　よく見ると、3つの化合物とも、五員環部分はマイナス、七員環部分はプラスになっています。ところで次の図Dは本章2節における化合物C（アズレン）の二重結合をπ電子2個ずつで表したものです。七員環部分、五員環部分のπ電子数を数えるとそれぞれ形式的に7個、5個となっており、不安定系となっています。

　ここで七員環部分のπ電子1個を五員環部分に移動したらどうなるでしょうか。両部分とも6π電子系の芳香族系となって分子は安定します。ですから、アズレンは図のような極性化合物となっているのです。アズレンの分子式は$C_{10}H_{10}$でナフタレンと同一です。ところが無色のナフタレンに比べてアズレンはその名前がフランス語の青（アジュール）からきたことでもわかるように青インクのように深い青色の結晶です。このようなことも電子状態の反映なのでしょう。

　本章2節の化合物A（ペンタフルベン）、B（ヘプタフルベン）も環部分を6π系の芳香族にするために電子を移動したのだと考えれば理解できます。

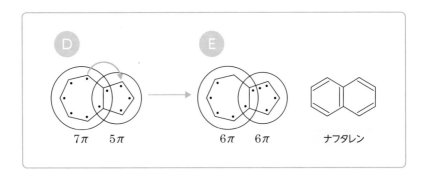

第 **9** 章

分子の発光、
発色と分子軌道

分子が光るのはなぜだろう？

—— 発光の原理

　第1章で見たように、量子化学が誕生したきっかけの一つは光電効果でした。光電効果は光子と分子の相互作用です。光子は言うまでもなく、光の本体です。ということで、「分子と光子の相互作用」は量子化学の主要テーマであり、その重要性に応えるように量子化学は光と分子に関する種々の難問題を解決してきました。ここでは、分子と光の、物性面における相互作用を見ていくことにしましょう。

● 光とエネルギー

　光と分子の相互作用を見る前に、光とは何か？ ということを見ておきましょう。光は光子として粒子の性質を持つと同時に電磁波として波の性質を持ちます。つまり電波なのです。したがって波の性質として振動数 ν と波長 λ を持っています。光の速度、光速 c は波長と振動数の積で表されます。

$$c = \lambda \nu$$

　電磁波はエネルギー E を持っていますが、それは振動数 ν に比例し、波長 λ に反比例することが知られています。ここで h は

プランクの定数と呼ばれる数値です。

$$E = h\nu = \frac{ch}{\lambda}$$

この式は、波長の短い電磁波は高エネルギーであり、波長の長い電磁波は低エネルギーであることを示しています。電磁波には波長が何キロメートルという長いものから、1mの10億分の1、すなわち何ナノメートルという短いものまでいろいろあります。何メートルというような長い波長の電磁波のエネルギーは私たちの実生活では無視してよいでしょうが、波長が短くなるとそうもいかなくなります。

私たちが光として感じる電磁波の波長は400nmから800nmです。nmはナノメートルと呼び、1nmは10^{-9}m、つまり、1mの10億分の1の長さです。つまり、人間が持っている光のセンサー、すなわち"目"は波長400〜800nmの電磁波にだけ感応するようにできているのです。

● 光の色彩

人間が感知する光は、波長によって色が異なります。その様子を図に示しました。電磁波は波長が長いと電波と呼ばれ、800nmよりちょっと長いものは赤外線と呼ばれます。そして400〜800nmのものが光（可視光）と呼ばれ、更に短くなると紫外線やX線と呼ばれます。

人間は赤外線、紫外線などを目で見ることはできません。しかし赤外線は皮膚で熱として感知することができ、紫外線も皮膚が日焼けとして感知します。光は波長によって異なる色を持ちます。

日本人はそれを虹の七色と呼び、伝統的に七色の色と認識しています。図に示したように、波長の長い光は赤、短い光は紫に見えます。

　太陽の光は色が無いので白色光と呼ばれますが、ところがそれをプリズムで分けると虹の七色に分離します。そしてこの七色の光を混ぜると元の白色光になります。

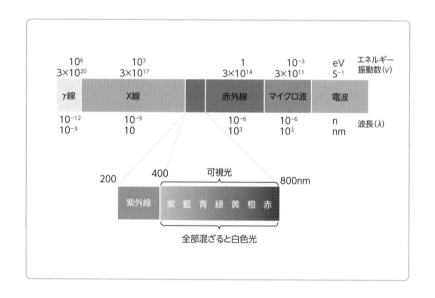

● 光の三原色

　虹の七色の光を混ぜると白色光になるといいましたが、一般的に光はいろいろの光を混ぜると明るくなります。そのため、異なる色の光を混ぜることを**加算混合**といいます。実は七色もの光を混ぜなくても、三色の光を混ぜるだけで白色光となります。この三色の光を光の三原色といいます。それは赤、青、緑の三色です。

　三色全部でなく、二色を混ぜると固有の色となります。その様

子を図に示しました。また、三原色を適当な割合で混ぜると固有の色が発色します。このことから、三原色さえあれば、どのような色の光でも自由に作り出すことができます。テレビなど、カラーモニターは全てこの原理を用いてカラー表示を行なっています。

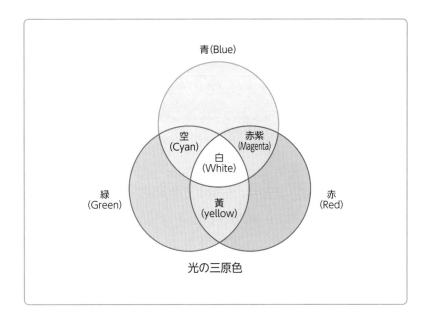

光の三原色

りょうしかがくの窓

色彩の三原色

「光の三原色（赤、青、緑）」に対して「色彩の三原色（赤、黄、青）」があります。これは水彩絵の具でわかるように、この三原色を混ぜればどのような色彩をも作ることもできますが、混ぜ過ぎると最終的には無彩色の極限である黒になってしまいます。そのため絵の具の色彩を混ぜることを減算混合といいます。

9-2

水銀灯やネオンサインが
光る原理

── 原子と電気の相互作用

　テレビの発展には目覚ましいものがあります。30年前のテレビは奥行きが50cmもあるような大きな家具のような箱型でした。それが厚さ10cmほどの薄型テレビとなり、液晶型、プラズマ型が性能を競い合いました。ところが現在、プラズマ型はいつの間にか姿を消し、液晶型とかつては聞いたこともなかった有機EL型が覇を競っています。その有機ELとは何なのでしょうか。

● 炭が燃えると熱くなる理由

　炭を燃やすと熱くなります。熱くなるということは、燃えている炭が熱というエネルギーを放出しているからです。なぜ、燃えている炭は熱を放出するのでしょう？

　炭は炭素Cの塊です。炭が燃えるというのは炭素が空気中の酸素O_2と化学反応して二酸化炭素CO_2になるということです。

$$\underbrace{C + O_2}_{\text{出発系}} \rightarrow \underbrace{CO_2}_{\text{生成系}}$$

　全ての原子や分子は固有の大きさのエネルギーを持っています。上の反応式で矢印の左側の物質を**出発系**、右側の物質を**生成系**と

いいます。上の反応式の両系のエネルギーを比較すると出発系の方が大きい、つまり高エネルギーなのです。

　したがって出発系が生成系に変化すると両系のエネルギー差ΔEが外部に放出されます。このエネルギーが熱（反応エネルギー）として観測されたのです。

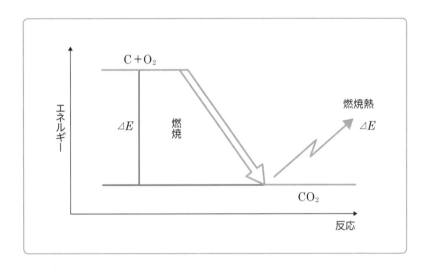

● 水銀灯が光る理由

　公園を照らす青白い光を出す水銀灯の中には液体金属である水銀 Hg が入っています。水銀灯に電気を通すと、水銀原子のHOMO軌道（7章4節参照）の電子が電気エネルギーΔE_{Hg}をもらって LUMO軌道に遷移し、高エネルギー状態（励起状態）になります。この状態は不安定なので、水銀はもらったエネルギーを放出して、元の状態（基底状態）に戻ろうとします。この時、余分になったΔE_{Hg}を放出します。このエネルギーが青白い光として観察されたのです。

● 水銀灯とネオンサインの違い

　水銀灯の電球の中には水銀が入っていますが、ネオンサインの管の中にはネオンNeの原子（気体）が入っています。水銀灯の光は青白いですが、ネオンサインの光は赤いです。これはなぜでしょうか。

　それは水銀とネオンではHOMOとLUMOのエネルギー差ΔEが異なるからです。水銀のΔE_{Hg}はネオンのΔE_{Ne}より大きいのです。そのため、水銀灯からはエネルギーの大きい、つまり波長が短く青い光が出るのに対してネオンサインではエネルギーの小さい、波長が長く赤い光が出るのです。

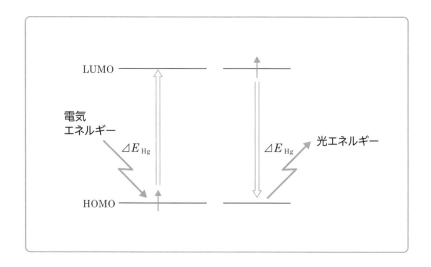

9-3 有機ELは次世代のテレビといわれている

—— 有機ELが光る原理

　原子に電気を通す、すなわち原子に電気エネルギーを与えると発光する現象は、不思議に思えるかもしれませんが、決して不思議な現象ではありません。化学現象をエネルギー現象として見れば極めて自然なことなのです。

● 電流とは

　有機EL素子の発光原理は先に見た水銀やネオンの発光と同じものです。つまり、有機ELの発光分子を発光させるには、発光分子の励起状態を作ってやればよいのです。

　有機EL素子を見る前に、電気について見ておきましょう。電気には電圧、電流などの問題がありますが、ここで問題になるのは電流です。電流というのは電子の移動、つまり電子の流れです。電子がA地点からB地点に移動したとき、電流は逆方向に、B地点からA地点に流れたと定義されます。

　電池で考えれば、電池の陽極と陰極を導線でつないだとき、電流、は外部回路（導線）を通って陽極から陰極に向かって流れますが、電子は反対に陰極から陽極に向かって移動しているのです。

● 有機EL素子の構造

　有機ELの発光体、つまり有機EL素子は、発光分子の励起状態を次のような巧みな方法で作ります。それは有機EL素子を三層構造にするのです。つまり、発光分子（発光層）を電子輸送層と正孔輸送層という2種の分子の層でサンドイッチし、全部で三層構造とするのです。

　電子輸送層というのは、陰極から来た電子を発光層に輸送する分子です。それに対して正孔輸送層というのは発光層の電子を陽極に運び去る分子です。この構造を見ると、観察者は発光層から出た光をどのようにして観察できるのか？　と疑問に思われるかもしれませんが、問題はありません。三層の各層は非常に薄いので、十分に光を透します。また、正極の電極はガラスのように透明な透明電極を使用します。

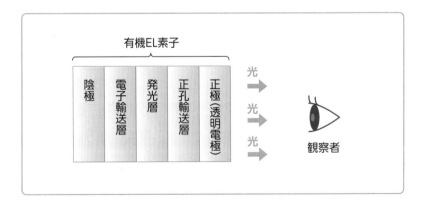

● 輸送層分子と発光層分子の共同作業

　陰極から電子輸送層分子に電子が注入されると、電子は発光

層分子に達して、そこで空いている軌道、つまり空軌道に入ります。この結果、発光層分子では電子が1個増えて、その電子はLUMOに入ることになります。

　一方、発光層分子のHOMOからは電子が正孔輸送層を通って陽極に流れ去ります。したがって発光層分子のHOMOの電子が1個減少します。

　上の過程によって生じた発光層分子の電子配置を見てください。**HOMOの電子が1個少なくなり、代わりにLUMOに電子が1個入っています。これは結果的に、HOMOの電子がLUMOに遷移したのと同じことになっています。つまり、発光層分子は励起状態になっているのです。**

　この励起状態のLUMOの電子がHOMOに遷移すれば両軌道間のエネルギー差$\varDelta E$が放出され、発光が起きるということになります。これが有機ELの発光の原理です。

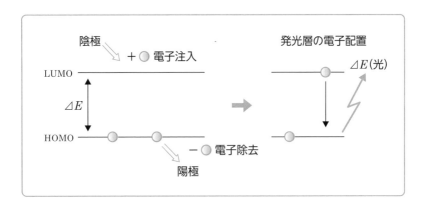

● 発光層分子の構造と発光色

　発光層の分子は多くの種類が開発使用されていますが、次の図

に示したのはその一例です。赤、青、緑と、光の三原色に相当する分子が揃っています。グラフはそれぞれの分子の発光波長域と発光強度を表したものです。この3分子を用いれば白色光を作ることができることを示しています。

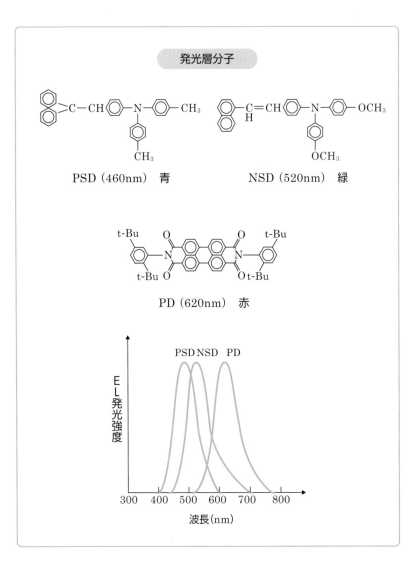

発光と発色は全く異なる現象

—— バラが赤い原理

前節で原子や分子が電気エネルギーを吸収することを見ましたが、原子や分子が吸収するのは電気エネルギーだけではありません。光エネルギー、つまり、光そのものをも吸収します。

● ネオンの赤とバラの赤

ネオンサインは赤いですし、紅バラも赤いです。先に見たように、ネオンサインは赤い光を出すから赤いのです。それではバラが赤いのはなぜでしょう？ バラは光を出しません。そのため、暗い所では見えません。それなのに明るい所では赤く見えるのはなぜなのでしょうか。

バラは光を反射しているのです。光を反射する、典型的なものは鏡です。でも鏡は赤く見えません。にもかかわらずバラが光を反射して赤く見えるのはなぜでしょうか。

鏡は照射された光を全て反射して戻します。ですから太陽光のような白色光を照射されると白色光が戻ってきます。しかし、バラは全ての光を反射するのではありません。白色光を照射されると、その一部分の光を自分で吸収してしまい、残った光を反射光として戻すのです。

バラが赤く見えるのは、この戻ってきた光が赤いからです。それではバラが吸収した光の色は何色でしょう。吸収されずに残って反射光として私たちの目に届いた光が赤いのですから、吸収された光が赤でないことは確かです。

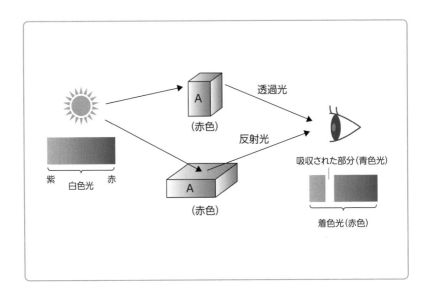

● 色相環

　次の図に示した円は色相環というもので、白色光から除いた光の色と、残った光の色の関係を表すものです。つまり、白色光から青緑の光を吸収すると、残った光は円の中心を挟んでその反対側の色、つまり赤く見えるということを表しています。

　このような関係にある二色を互いに**補色**といいます。つまり、赤は青緑の補色であり、青緑は赤の補色なのです。バラが赤く見えるのはバラの花びらが青緑の光を吸収したからであり、葉が緑に見えるのは葉が赤紫の光を吸収したからなのです。

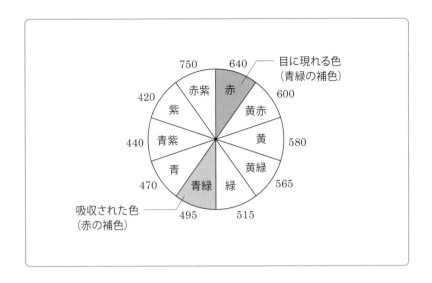

目に現れる色
（青緑の補色）

吸収された色
（赤の補色）

● 吸収波長と共役系

　分子が吸収する光の色、つまり光の波長、つまり光のエネルギーは HOMO と LUMO のエネルギー差 ΔE によって決まります。ΔE が大きければ高エネルギーで青い色の光を吸収し、ΔE が小さければ低エネルギーで赤い色の光を吸収します。

　ΔE と共役系の長さの関係は 7 章 4 節で見た通りです。つまり、共役系が長くなるほど ΔE は小さくなり、吸収される光の波長は長くなるのです。図は直鎖共役系の長さ（二重結合の個数、n）とその分子が吸収する光の波長の関係を表したものです。n が大きくなると吸収光の波長が長くなることがわかります。

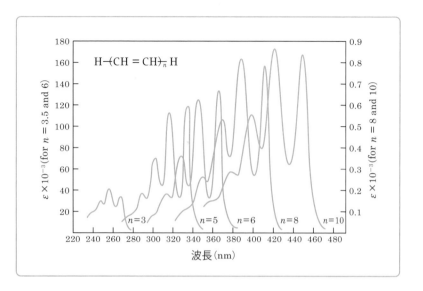

H$-$(CH $=$ CH$)_{\overline{n}}$ H

$\varepsilon \times 10^{-3}$ (for $n = 3, 5$ and 6)

$\varepsilon \times 10^{-3}$ (for $n = 8$ and 10)

$n=3$ $n=5$ $n=6$ $n=8$ $n=10$

波長（nm）

　気を付けて頂きたいのは n が小さい時には吸収光の波長が400nmに達していないということです。これは可視光を吸収していないことになりますから、吸収によって色が現れない、つまり無色ということになります。

　次の図は分子軌道計算によって求めた ΔE（β 単位）と、実測によって求めた吸収光の振動数 ν の関係を表したグラフです。ここで用いた分子軌道計算は近似の粗いものですが、それでも計算値と実測値の間によい直線関係があることがわかります。

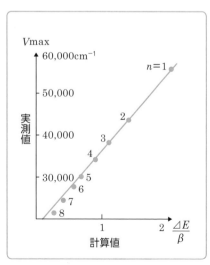

Vmax

実測値

計算値

$n=1$

60,000cm^{-1}

50,000

40,000

30,000

$\dfrac{\Delta E}{\beta}$

9-5

漂白剤はなぜ色を無くすのか?

―― 光吸収と脱色の原理

　前節で見たように、長い共役系は可視光線を吸収するので発色しますが、短い共役系は可視光線を吸収しないので色がありません。色素は一般に長い共役系を持つ分子からできています。衣服に付いた汚れやシミも同じようなものです。

● 漂白

　二重結合に水素を付加する（還元）とか、酸素を付加する（酸化）とかすると、二重結合が一重結合に変化します。ということは、長い共役系の中央付近にある二重結合を還元、あるいは酸化すると共役系の長さが一挙に半分になってしまうことを意味します。

　前節で見た直鎖状共役系の吸収波長を見ると $n = 10$ の分子の吸収波長は440nm近辺であり、色としては黄色です。この分子の共役系を半分にすると吸収波長は350nm以下の紫外線領域となり、可視領域に影響しません。つまり色は消えるのです。

　これが還元漂白あるいは酸化漂白などと呼ばれる漂白の原理です。

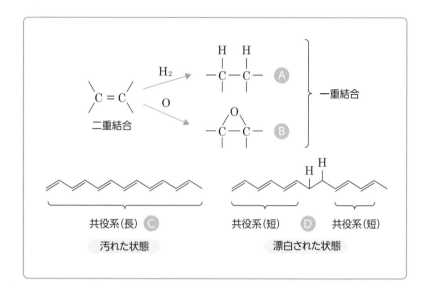

　二重結合に水素H_2が反応すると図Aになり、酸素が反応すると図Bになります。図AもBも二重結合は消えています。

　化合物の図Cは長い共役系を持っているので色が付いて汚れています。図Cに水素を反応させると二重結合に水素が反応して図Dとなります。図Dは共役系が途中で切れて短くなっているので色が消えています。つまり漂白されているのです。このような水素による漂白を還元漂白といいます。

　酸素を反応させても同じように二重結合が消えるので色が消えます。酸素による漂白を酸化漂白といいます。

● 蛍光染料

　しかし長く使った衣服に染みついたクスミは漂白によっても完全に白くはなりません。このような場合に昔行なった方法は、薄青い染料で染めることでした。つまり薄い青色で、クスミの黄色

をマスクするのです。しかしこの方法では黄色と青が重なって、かえって重苦しい色になり、白くなることはありませんでした。

そのような時に発見されたのがエスクリンという分子でした。これは1929年にセイヨウトチノキから発見された分子で、蛍光作用を持っていました。蛍光というのは、分子が光を吸収すると、いったんそのエネルギーを分子の内部に溜め込み、その後、そのエネルギーをまた光として放出することをいいます。

一般に溜め込む時間が10のマイナス何乗秒と短いものを蛍光、数秒から数時間と長いものを**りん光**といいます。エスクリンは太陽光の紫外線を吸収し、それを発光するのです。しかし、光を吸収してまた発光するまでの間にエネルギーの一部が分子振動などの熱エネルギーとして消費されるため、発光される光のエネルギーは吸収された光のエネルギーより小さくなります。

つまり、高エネルギーで波長の短い紫外線を吸収したエスクリンは紫外線より低エネルギーで波長が長い、すなわち青白い光を発光したのです。この青白い光はクスミの黄色を見事にカバーしてくれました。これが現在蛍光染料といわれている物の原型に当たります。

エスクリン

混ぜるな危険！

　家庭に置いてある漂白剤の多くは塩素系の酸化漂白剤です。この中には次亜塩素酸 $HClO$ の化合物が入っています。これが式（1）のように分解すると酸素が発生し、それが本文で見たように二重結合と反応して汚れを漂白します。

$$HClO \quad \rightarrow \quad HCl + O \qquad (1)$$
$$HClO + HCl \quad \rightarrow \quad H_2O + Cl_2 \qquad (2)$$

　しかし、ここにトイレ洗剤に含まれる塩酸 HCl のような酸が加わると式（2）のように塩素ガス Cl_2 が発生します。

　塩素ガスは第一次世界大戦でドイツ軍が毒ガスとして使ったことで有名な毒物です。こんなものが家庭のキッチンやお風呂のような狭い閉鎖空間で発生したら命が幾つあっても足りないようなものです。気を付けましょう。

第 **10** 章

熱反応と光反応

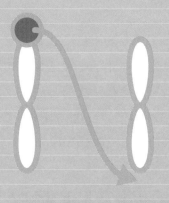

10-1

加熱しても光照射しても化学反応は起こる

—— 熱反応と光反応の違い

　有機化学反応の多くは、外部からエネルギーをもらわないと進行しません。つまり、有機化学反応を進行させるには、加熱するとか、光照射するとかして外部からエネルギーを加える必要があります。

　このエネルギーとして熱エネルギーを使う反応を熱反応、光エネルギーを使う反応を**光反応**といいます。しかし熱反応と光反応の違いはエネルギーの違いだけではないのですが、それについては後に詳しく見ることにしましょう。

● 熱反応と遷移状態

　炭素 C を燃やす、つまり酸素 O_2 と反応させると発熱して二酸化炭素 CO_2 を発生します。しかし炭を燃やすためにはマッチで火を着けなければなりません。つまり熱エネルギーを加えなければなりません。反応が進行したら熱を出す反応を進行させるために、なぜ熱を加えなければならないのでしょうか。無駄なことではないでしょうか。

　それは、**C と O_2 が反応して CO_2 になるためには、途中で酸素分子すなわち O＝O 分子と C 原子が作る三員環状の不安定分子**

を経由する必要があるからです。この分子は遷移状態と呼ばれ、高エネルギーのため、作るには外部から熱エネルギーを供給する必要があるのです。

このようなエネルギーを活性化エネルギー E_a といいます。しかしいったん反応が進行すれば反応エネルギーが発生するので、それ以降はこの反応エネルギーの一部を活性化エネルギーとして利用することで反応は進行し続けることができます。

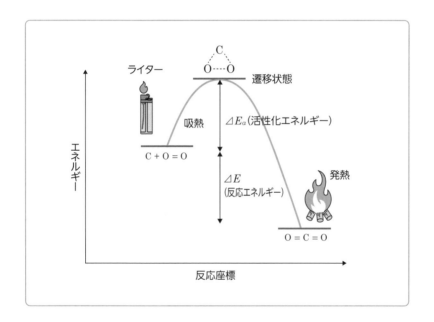

● 光反応と励起状態

光反応にも一見余分のように見えるエネルギーが必要です。例えばシススチルベンAに光を照射するとトランススチルベンBに異性化します。

AとBの間にエネルギー差はほとんどない、むしろBの方が低

エネルギーなのですが、この反応を進行させるためには光エネルギー ΔE を与える必要があります。**これはこの反応を進行させるためにはＡを励起状態という高エネルギー状態にする必要があるからです。そのためのエネルギーとして光エネルギーを用いるのです。このエネルギーは熱エネルギーで代用することはできません。光エネルギーを用いなければ励起状態は生じないのです。**

　光化学反応の反応経路は a と b に分けて考えることができます。経路 a は分子Ａと光（光子）が衝突する反応で、どう見ても光反応ですが、経路 b には光は必要ありません。励起状態Ｃがいわば勝手にＢに変化していく反応です。ですから熱反応といってもよいのですが、普通は経路 a、b を一体に考えて全体を光化学反応といいます。

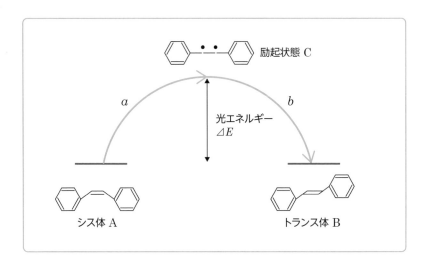

● 水素分子の光分解反応

　光化学反応の基礎的な例として、水素分子 H_2、（Ａ）が紫外線

照射によって分解して水素原子2H、つまり（B）になる反応を
見てみましょう。

　まず（A）が紫外線を吸収して励起状態（C）になります。そ
の後、（C）が自動的に分解して（B）になります。<u>図は（A）と（C）
の結合エネルギー、結合次数を表したものです。</u>基底状態分子の

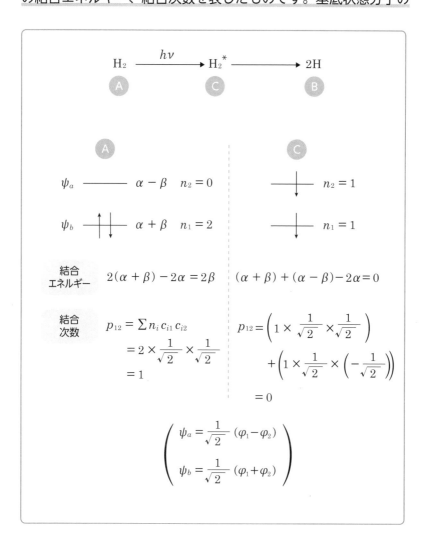

（A）では結合エネルギー 2β、結合次数1と、間違いなくH−H間に結合が生じています。しかし励起状態の（C）では結合エネルギー、結合次数ともに0で間違いなく、H−H間の結合は消滅しています。

つまり、分解反応は励起状態（C）が生じた段階で終わっているようなものなのです。

● スチルベンのシス・トランス異性

上で見た反応ですが、これも水素の分解反応と同じです。中間体（励起状態）（C）のπ結合エネルギー、π結合次数を計算すると、ともに0であることがわかります。**つまりこの状態は、π電子を持ってはいるのですが、それはπ結合を形成してはいないのです。電子はただの2個の不対電子（ラジカル電子）として存在しているだけなのです。**

このような状態をジラジカル状態といいます。したがって励起状態（C）のC−C結合に残っているのは1本のσ結合だけであり、そのためにC−C結合は自由回転することができ、シスからトランスに異性化できたのです。もちろん、（C）から（B）に変化することも（A）に戻ることも可能です。このケースの場合にはフェニル基の立体反発を考えると2個のフェニル基が離れている（B）の方が安定なので、（B）が（たくさん）できたということでしょう。

なお、この反応の反応機構は詳細に研究されており、それによればこの反応は一重項、三重項という特殊な状態が関与することが知られています。その詳細なことは進んだ本を参照してください。

原子、分子は最も外側の軌道を使って反応する

―― フロンティア軌道理論

　原子の物性や反応性は電子によって決定されます。その中でも大きな影響力を持つのは価電子と呼ばれる電子であり、それは原子の最も外側にある電子殻である最外殻に入っています。

　2個の原子AとBが反応するときの様子を考えてみましょう。原子同士が反応するためには原子は互いに接触（衝突）しなければなりません。このとき原子のあらゆる部分のうち、互いに実際に接するのは原子の最も外側の部分、最外殻です。

　すなわち、原子の反応性を支配するのは最外殻に入っている最外殻電子、つまり価電子なのです。

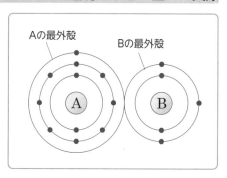

● フロンティア軌道

　原子A、Bを国家と考えてみましょう。反応はいわば両国家間の戦争に相当します。この場合、最初に戦いが起こるのは首都から最も遠い国境です。両国家は国境を接して相対峙しており、最初の戦火は国境で開かれます。国境はフロンティア（frontier）

と呼ばれます。

　原子も同様です。つまり原子の最外殻電子は国家でいえば国境なのです。ということで原子の最外殻、つまり電子の入っている軌道のうち、最もエネルギーの高い軌道をフロンティア軌道と呼ぼうという理論が提出されました。

　これが1981年にノーベル化学賞を受賞したフロンティア軌道理論であり、提出したのは福井、ホフマンの2教授でした。もう一人ウッドワード教授も研究グループの主要メンバーだったのですが、受賞決定時に亡くなっていたので、授賞対象にはなりませんでした。

国境（フロンティア）

ヤー　　　ヤー

● 分子とフロンティア軌道

　フロンティア軌道理論は主に分子の物性や反応性を議論する理論です。そして分子の場合のフロンティア軌道というのは、「分子軌道のうち、電子の入っている軌道で最もエネルギーの高い軌道」のことをいいます。

　このような軌道としてすぐに思いつくのは最高被占軌道HOMOと最低空軌道LUMOです。そこでこのHOMOとLUMOを使って反応を考えていこうというのがフロンティア軌道理論（別名「軌道対称性の理論」あるいは「ウッドワード・ホフマン則」）なのです。

● 熱反応のHOMO・光反応のLUMO

　普通の反応、つまり熱反応は安定状態、基底状態の分子が起こす反応です。基底状態で電子の入っている最高エネルギー軌道、つまりフロンティア軌道はHOMOです。ということは基底状態の反応、つまり熱反応はHOMOによって支配されるということになります。

　一方、光反応では分子は光子と反応して励起状態となり、そこから反応が進行します。つまりこの場合のフロンティア軌道は1個の電子が入っているLUMOなのです。つまり、光反応はLUMOによって支配されるのです。

　7章5節に示した、共役系の分子軌道を見てください。HOMOとLUMOではローブの大きさとサイン（正負）が大きく異なっています。つまり、光反応と熱反応が異なるのは、このようにHOMOとLUMOで分子軌道の形とサインが異なっていることに起因するのです。

　このことを実際の反応例を通じて見てみましょう。

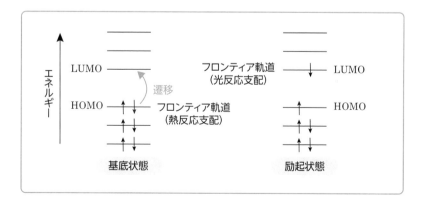

10-3

鎖状化合物が環状化合物に変化する反応

── 閉環反応とフロンティア軌道

　鎖状の共役化合物が共役系の両端で結合して環状化合物になる反応を一般に閉環反応といいます。閉環反応では出発物と生成物の立体構造が問題になり、それが熱反応と光反応で完全に異なります。

　この現象は以前から知られていましたが、原因は不明のままでした。それを合理的に説明したのがフロンティア軌道理論だったのです。

● 閉環反応の立体化学

　図Aの鎖状の共役化合物（ブタジエン誘導体）1を加熱（△）すると環状化合物2-トランスになりますが、光照射（$h\nu$）すると2-シスになります。生成物の立体構造に注意してください。シス体では同じ置換基が環の同じ面にありますが、トランス体では環の反対側の面にあります。熱反応でシス体が生成することも、光反応でトランス体が生成することもありません。このように、反応の条件によって生成物が異なることを一般に反応の「選択性」といいます。

　図Bは出発物1と生成物2の軌道関数です。1ではC_1-C_2、

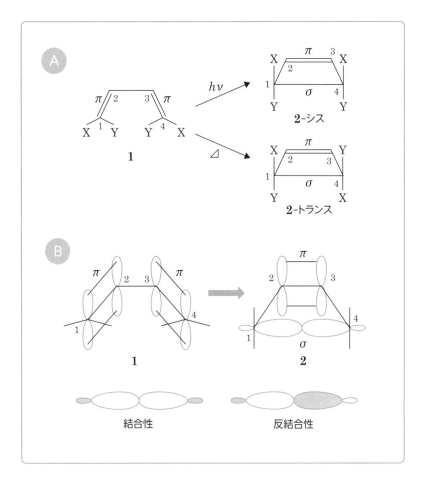

$C_3 - C_4$ 間に π 結合があります。それに対して2では π 結合は $C_2 - C_3$ 間に移動し、C_1 と C_4 が σ 結合で結ばれています。そしてこの σ 結合は C_1 と C_4 上の p 軌道が横倒しになって重なった結果できたものであることがわかります。

　つまり、この閉環反応の本質は C_1 と C_4 にある p 軌道の回転なのです。C_2 と C_3 上の p 軌道は何も変化していません。π 結合を作る相手の炭素を変えただけです。

● 結合性と反結合性

　結合の軌道関数には結合性と反結合性があります。重なる軌道のサイン（正負）が合っていれば（位相が合う）結合性で、結合が生成するように働きますが、サインが合っていなければ反結合性となって結合は生成しません。

　したがって、1の閉環反応が進行して環状化合物2が生成するためには1のC_1とC_4上のp軌道が結合性σ結合を作るように重なる必要があります。

● コンとディス

　図CはブタジエンのHOMOとLUMOの軌道関数を表したものです。図Dはこれらの関数を分子1の形に沿って並べたものです。

　HOMOにおいて1位、4位に結合性の軌道の重なりを作るためには、p軌道は同じ方向に回転（図では右回転）しなければなりません。そのためにC_1、C_4に結合している置換基X、Yも同じように回転しなければなりません。その結果、生成物は2-トランスとなることがわかります。このような回転を同旋的回転（con rotatory、コン）といいます。

　一方、LUMOの場合には、p軌道は互いにぶつかる方向に、つまり逆方向に回転しなければなりません。その結果、生成物は2-シスとなります。このような回転を逆旋的回転（dis rotatory、ディス）といいます。

　先に見たように、熱反応を支配するのはHOMOであり、光反

応を支配するのはLUMOです。したがって熱反応では2-トランスが生成し、光反応では2-シスが生成するのです。

　これはフロンティア軌道理論でなければ説明できないことです。フロンティア軌道理論が勝ち取った大きな成果でした。

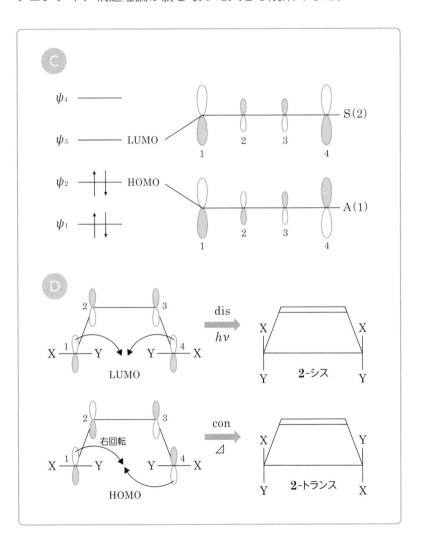

この反応解析で重要な働きをしたのは分子軌道のローブ（係数）のサイン（正負）でした。つまり軌道の対称性がS（対称）なのか、A（反対称）なのか、が反応の選択性を支配しているのです。そこでこの理論を「軌道対称性の理論」ともいうのです。

りょうしかがくの窓

ウッドワード教授とノーベル賞

　この理論を有機化学者向けに図を交えてわかりやすい形で提出したのがウッドワード教授とホフマン教授でした。そこでこの理論は二人の名前をとって「ウッドワード・ホフマン則」ともいいます。

　受賞の時点でウッドワード教授は既に亡くなっていたので残念ながらノーベル賞は逸しました。しかし、教授は以前にビタミンB12の全合成でノーベル化学賞を受賞しており、「20世紀最大の有機化学者」の誉れ高い化学者でした。いわば、「ノーベル賞を超越した科学者」と言うに相応しい人でした。

　ノーベル賞は1901年に始まり120年の歴史を誇りますが、その間に複数回受賞した個人や団体があります。団体では赤十字国際委員会（平和賞3回）、国連難民高等弁務官事務所（平和賞2回）です。

　個人ではマリ・キュリー夫人（フランス、1903年物理学、1911年化学）、ライナス・ポーリング（アメリカ、1954年化学、1962年平和）、ジョン・バーディーン（アメリカ、1956年物理学、1972年物理学）、フレデリック・サンガー（イギリス、1958年化学、1980年化学）です。

環の途中がつながって 2個の環になる反応

——縮環反応とフロンティア軌道

　七員環状化合物である1を加熱すると、双環式化合物2を与えます。一方、1を光照射すると双環式化合物3を与えます。このように環状化合物が環のサイズを縮小して双環式の化合物になる反応を一般に**縮環反応**といいます。

　縮環反応は前節で見た閉環反応の一種と見ることができます。そのように見ると、熱反応は1の共役系において1位と6位で閉環しており、光反応では1位と4位で閉環しています。なぜこのような選択性が出るのでしょうか。

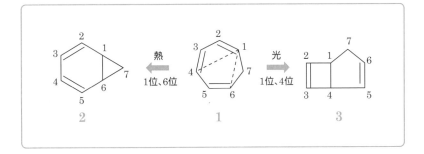

● 立体化学的な要請

　有機化学がメンドクサクて面白いのは、実際の分子がメンドク

サクて面白い形、構造をしているところにあります。

　次の図は化合物1が1位と6位での閉環、1位と4位での閉環で、それぞれコン、ディスで進行したらどうなるかということを表したものです。1位と6位での閉環の場合、ディスで閉環したら実際の生成物2になります。しかしコンで閉環したら、三員環部分になるはずの結合が逆向きに開いてしまい、三員環を作ることができません。**つまり、1位と6位での縮環は「ディスで進行しなければならない」のです。**

　同じことは1位と4位での閉環にもいえます。この場合もディスで進行しないと双環式の生成物になることはできません。したがって、反応は「ディスで進行しなければならない」のです。

　つまり、1位と4位の縮環反応は「ディスで進行しなければならない」のです。

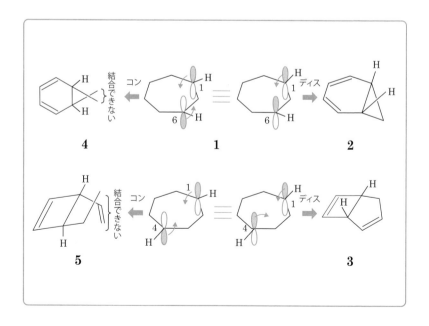

● フロンティア軌道

　出発物質1の共役系は6個のsp^2炭素と3個の二重結合からできた系であり、シクロヘキサトリエンといわれる系です。次の図はこの系の分子軌道関数を表したものです。

　1位と6位がディスで結合するためにはこの位置の関数の位相（サイン）が合っていなければなりません。そのような軌道はフロンティア軌道の中ではHOMOだけです。同様に1位と4位の位相が合っているのはLUMOです。

　このような理由によって熱反応ではHOMOを経由して1位と6位で縮環し、光反応ではLUMOを経由して1位と4位で縮環したのです。

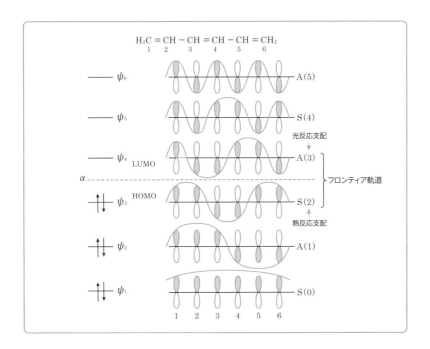

10-5

水素が炭素の間を
移動する反応

—— 水素移動反応とフロンティア軌道

　図の化合物1を加熱や光照射するとC_1にある水素がC_3に移動します。水素が移動する反応を**水素移動反応**、水素が1位から3位に移動する反応を1, 3−水素移動反応といいます。

● 生成物の立体構造

　化合物1の場合、加熱すると2が生じ、光照射すると3が生じます。2と3の構造を詳細に見て、2と3が違う化合物、異性体であることを確認してください。つまり2では3位に移動した水素がC_3に分子面の下側から結合していますが、3では上側から結合しています。

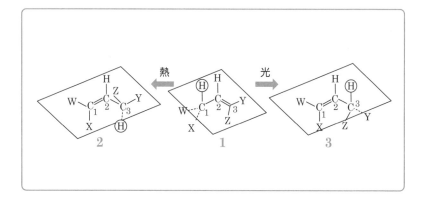

次の図は反応に関与する軌道部分を抜き出したものです。4は上の出発物1の軌道です。C_1の水素が外れるとC_1はsp^3からsp^2混成軌道に変化します。この結果4は先に見た3個のsp^2炭素からなる最小の共役系であるアリル5になります。

　この5において水素が移動する時、分子面の上方から下方に、分子面を横切って移動すると生成物2に相当する結合6が生成します。このような移動をantarafacial（アンタラ）移動といいます。

　また、7のように、水素が分子面の上方だけを移動すると生成物3に相当する結合8が生成します。このような移動をsupurafacial（スプラ）移動といいます。

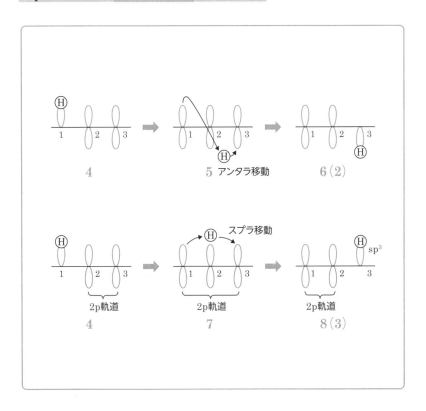

● 熱反応と光反応

　次の図はアリルの基底状態と励起状態における電子配置と、HOMO、LUMOの軌道関数を表したものです。基底状態ではA（1）軌道、つまりψ_2がフロンティア軌道であり、励起状態ではψ_2の電子がψ_3に遷移した結果、S（2）軌道、ψ_3がフロンティア軌道となっています。

　HOMOで1位の炭素と結合性の軌道で結ばれていた水素が、3位でも結合性になるためにはアンタラ移動しなければならないことがわかります。同様にLUMOで結合性から結合性に移るためにはスプラ移動しなければなりません。

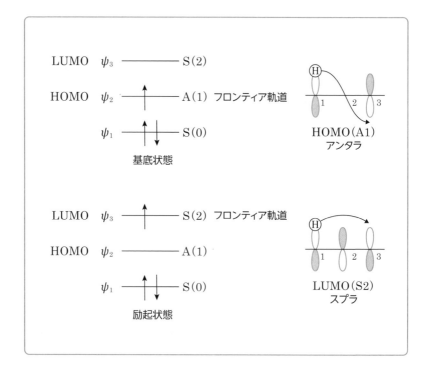

このような理由によって熱反応で2、光反応で3という反応の選択性が出てきたのです。

● 有機化合物の複雑性

ということで、熱反応と光反応における反応の選択性がHOMOとLUMOというフロンティア軌道の対称性に帰着することができたことで、フロンティア軌道理論の大成果、まずはメデタシメデタシ！ といきたいところですが、それほど単純でもないのが有機化学のイヤラシイところ、有機化学のオモシロイところです。

次の図において出発物質1のC_1-C_2結合はσ結合だけの一重結合です。当然、結合回転ができます。この結合を回転させると1′になります。この1′で水素をアンタラ移動させると2′になります。反対にスプラ移動させると3′になります。

熱反応でアンタラ移動、光反応でスプラ移動という原則は分子の構造に関係しません。ということは、1を熱反応したら2と2′が生成し、光反応したら3と3′が生成することになります。4種類もの生成物ができたのでは「反応の選択性」などわからなくなるのではないかと思うかもしれません。

しかし問題はありません。有機化学者は2、2′、3、3′という4種類の化合物が全て互いに異なる「異性体」であることを理解しており、その構造を峻別する技術を持っています。その結果、1であろうと1′であろうとそれが熱反応をしたら生成物は2か2′、光反応をしたら3か3′しか生成しないことを確認しています。

● フロンティア軌道理論の有用性

　このようにフロンティア軌道理論（軌道対称性の理論、ウッドワード・ホフマン則）、分子軌道法、量子化学は、それまで合理的な説明が全く不可能であった有機化学反応を、量子化学も分子軌道法も知らない研究者にも、誰にでもわかるように簡単に明解に解析してくれたのです。

　この理論が解き明かした反応は、こんなものではありません。複雑になるので本書で紹介するのは無理ですが、ほとんど全ての化学反応に合理的な説明を与えてくれました。この理論が誕生したのは20世紀末ですが、まさしく20世紀の産んだ偉大な果実の一つということができるでしょう。

　19世紀末にはアールヌーボーという偉大な芸術が開花しまし

た。何やら世紀末には偉大なものが現れるようです。しかしそれは世紀初頭も同じです。20世紀初頭には「相対性理論」と「量子論」という、人類の科学史に残る二大理論が誕生しました。

　21世紀も未だ20年が過ぎたばかりです。これから、とんでもない理論、発見が連続するかもしれません。いや、するでしょう。それは本書の読者の皆さんにかかっているのです。楽しみなことです。

りょうしかがくの窓

理論と実験

　科学は観察と実験と理論から成り立っています。天文学は観察と理論です。化学は実験と理論です。しかし化学は長いこと、実験に比重を置き過ぎました。錬金術の昔から、化学における理論は経験則に過ぎないものでした。

　そこに変革を起こしたのが20世紀初頭に出た量子化学でした。そして1970年代に出たフロンティア軌道理論によって頂点に達した観があります。

　現代化学はこのような理論を基に、また実験に重点を移してきたようです。現代化学は作ろうと思ったら、シクロブタジエンのように理論的に不可能なもの以外は何でも作ることができます。鉄より硬い有機物、超伝導性や磁性を持つ有機物、1個の有機分子でできた一分子自動車などです。2017年4月には南仏トゥールーズ市でこのような自動車の国際レースが開かれました。

　21世紀の世紀末に化学はどのように進化しているのでしょうか？　それを担うのは読者の皆さんです。

付録の章

二次元・三次元空間の粒子運動

平面上の粒子運動

本編2章では直線上、つまり一次元空間を動く粒子の運動を見ました。ここでは次元を増やして二次元、三次元空間、つまり平面上、立体上を動く粒子の運動を見てみましょう。

● 次元とは

次元というのは簡単にいえば座標の個数です。中学の算数でよく出てきた数式は$y = ax$の形でした。これを表す図形は縦のy軸と横のx軸からできていました。このy軸、x軸それぞれが次元ということになります。したがってこの図形は2個の次元（縦（y）、横（x））から成る二次元空間ということになります。

それに対して本編2章で見た粒子は、x軸上で原点Oから見てx_1の地点にいるのかそれともx_2の地点にいるのかという問題でした。ここで現れる座標はx軸ただ1個です。そのために2章の空間（x軸上）は一次元空間といわれます。

しかし私たちは縦（z）、横（x）、奥行き（y）という3つの座標で表される空間で生きています。このような空間を三次元空間といいます。電子や原子、分子など、化学で扱う微粒子は全て三次元空間で動いています。したがって、量子化学も最終的には三次元空間を動く粒子を扱うようにならなければなりません。

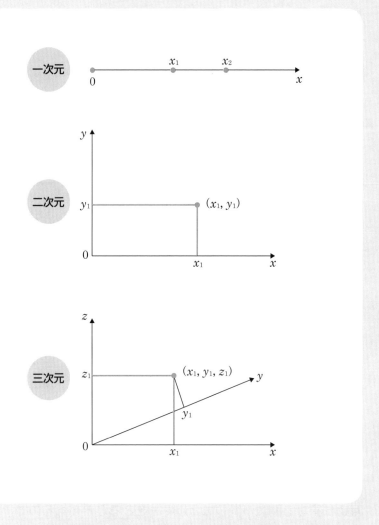

　しかし一次元空間からいっぺんに三次元空間に行くのは唐突なので、その間に二次元空間を扱い、三次元空間に進むための足掛かりにしようというのがこの付録の章の当面の目的です。

　とはいうものの、本質的な問題は一次元から二次元に移るところで出尽くしてしまいます。一次元から二次元に移る時に起きる

問題を理解すれば、その先の二次元から三次元に移るときに起こる問題など、問題とはいえません。本章で説明するにしても、5、6行の文章があれば済む話です。

しかし、それだけに、本章の前半の話は重要といえば重要でしょう。

● 平面上の粒子運動を理解する目的

私たちは本編2章で一次元空間の粒子運動を理解しました。一次元空間の運動を理解したら、二次元空間の粒子運動の解析はその応用に過ぎません。正直いって、数学技術的に新しいことは何もありません。にもかかわらず、ここでワザワザ付録の章を設けて二次元空間の粒子運動を取り上げるのは、大切な概念を理解して頂きたいためです。それは縮重という概念です。

一次元空間の粒子運動では、波動関数とエネルギーが1：1で対応していました。互いに異なる関数は互いに異なるエネルギーを持っていました。1個のエネルギーには1個の関数が対応していました。つまり、各波動は固有の互いに異なるエネルギーを持っていました。

しかし、二次元空間ではこの1：1の対応が崩れます。すなわち、互いに異なる関数が同じエネルギーをとることがあるのです。このように、異なる関数が同じエネルギーをとるとき、これらの関数は互いに縮重しているといいます。

平面上を動く粒子の解析

　平面上を動く粒子運動を解析するにも、直線上の粒子運動の場合と同様に、粒子が動くことのできる空間を限定する必要があります。その限定のためには位置エネルギーを用います。

● 粒子運動の範囲の限定

　すなわち、平面をx軸とy軸によって規定されるxy平面とし、位置エネルギーを定めるのです。運動することの許された平面を1辺Lの正方形としましょう。そのためには$0 < x < L$と$0 < y < L$の範囲だけを位置エネルギー$V = 0$とし、それ以外の範囲では$V = \infty$とすればよいことになります。

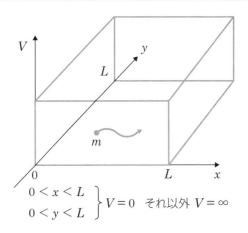

● シュレーディンガー方程式

　二次元空間の粒子運動を表すシュレーディンガー方程式は、2章で見慣れた式（1）となります。ただし、2章では関数 ψ に含まれる変数は長さの次元を表す x だけ、$\psi = \psi(x)$ でしたが、今回は二次元なので関数には2個の変数 x と y が含まれます

$$E\psi(x, y) = H\psi(x, y) \qquad (1)$$

　この二次元空間の波動関数 $\psi(x, y)$ は変数が x だけの X 関数 $X(x)$ と、y だけの Y 関数 $Y(y)$ の積で表されることがわかります。これを変数分離といいます。つまり

$$\psi(x, y) = X(x) \cdot Y(y) \qquad (2)$$

です。式（2）を式（1）に代入すると式（3）となります。

$$E\{X(x) \cdot Y(y)\} = H\{X(x) \cdot Y(y)\} \qquad (3)$$

　この式に2章5節で施したのと同じ手数を加えると式（4）が出ます。

$$E = H\{X(x) \cdot Y(y)\} \qquad (4)$$

　ところで、右辺の X 関数と Y 関数は互いに独立ですから、互いに関係なく勝手に動くことになります。ところが左辺のエネルギー E は定数ですから x、y の動きに関係なく常に一定です。このような関係にある式が常に成立するためには、X 関数と Y 関数が常に定数に等しいという関係が成り立たなければなりません。

つまり

$$E_x = HX\ (x) \qquad (5)$$
$$E_y = HY\ (y) \qquad (6)$$
$$E = E_x + E_y \qquad (7)$$

でなければなりません。

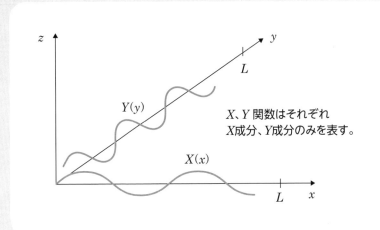

X、Y 関数はそれぞれ
X成分、Y成分のみを表す。

波動関数とエネルギー

　前節で見たように、変数分離の結果、二次元空間のシュレーディンガー方程式 (1) は一次元空間のシュレーディンガー方程式 (5)、(6) に還元されるのです。

● シュレーディンガー方程式の解

　式 (5)、(6) を第1章の式 (1) と見比べると、関数 $X(x)$、$Y(y)$ とそれぞれのエネルギー E_x、E_y は次のように求まることがわかります。

$$X(x) = \sqrt{\frac{2}{L}} \sin n_x \frac{\pi x}{L} \qquad (8)$$

$$E_{xn} = \frac{n_x{}^2 h^2}{8mL^2} \qquad (9)$$

$$Y(y) = \sqrt{\frac{2}{L}} \sin n_y \frac{\pi y}{L} \qquad (10)$$

$$E_{yn} = \frac{n_y{}^2 h^2}{8mL^2} \qquad (11)$$

ということで、この問題の完全解は

$$\psi(x, y) = \psi(x) \cdot \psi(y)$$

$$= \frac{2}{L} \sin n_x \frac{\pi x}{L} \cdot \sin n_y \frac{\pi y}{L} \qquad (12)$$

$$E_{xnyn} = \frac{h^2\,(n_x{}^2 + n_y{}^2)}{8mL^2} \qquad (13)$$

となることがわかります。

● 量子数

式（8）と（10）を見ると、X関数には量子数n_xが存在し、Y関数にはn_yが存在しています。このことから、量子数は各次元ごとに独立して存在することがわかります。独立というのは、n_xとn_yとの間に何の関係もないということです。

各次元に1個ずつの量子数が存在することは非常に大切なことです。このことから、三次元空間に存在する原子では量子数は三種類存在することがわかります。

関数の表現

　二次元空間を動く微粒子の運動を表す波動関数は前節で求まりました。ここでは波動関数がグラフとしてどのような形をしているのかを見てみることにしましょう。

● 2個の量子数

　式（12）の波動関数を見ると2つの量子数 n_x と n_y が存在します。2章3節で見たところによれば、量子数が増えると波動関数の節は増え、対称性は変化します。X関数、Y関数を独立にグラフで表すと次の図のようになります。

　すなわち、どちらも量子数が1、2と変化するにつれ、対称で節数0のS（0）関数、非対称で節数1のA（1）関数と変化します。Y関数についても全く同じです。

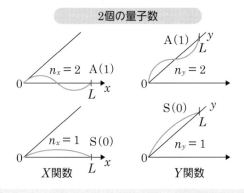

2個の量子数

● 量子数の組み合わせ

　完全波動関数（13）はX関数とY関数の積になっています。量子数はn_x、n_yの2つがありますが、その組み合わせに規制はありません。したがって$n_x - n_y$が、1-1、1-2、2-1、2-2、2-3、3-1、3-2、3-3等々と無限の組み合わせがあり得ることになります。

　次の図には最初の3個の組み合わせに相当する1-1、1-2、2-1関数のグラフを示しました。

　図のAはn_x、n_yともに1であり、X関数、Y関数とも節を持ちません。それに対して図のB、Cでは異なります。図のBではY関数が節を持ち、CではX関数が節を持ちます。

　完全関数はX関数とY関数の積になります。この関数の形を見ると$\psi = 0$となる部分（節）が直線になっていることがわかります。このような節を特に節面といいます。完全関数の形を見ると、図のBとCは、形は同じですが方向が異なることになります。つまり、節面の方向が90度ねじれているのです。

　しかし、方向が異なるということはこの2個の関数が全く異なる関数であることを示します。後の節で見ることになりますが、もし、この2つのグラフのような状態にある布（ハンカチかシーツ）に、x軸方向から風が吹いたとしたら、BとCの挙動は全く異なることになります。これはBの布（関数）とCの布（関数）が全く異なるものであることを意味するものです。この風のような力のことを量子力学では摂動といいます。

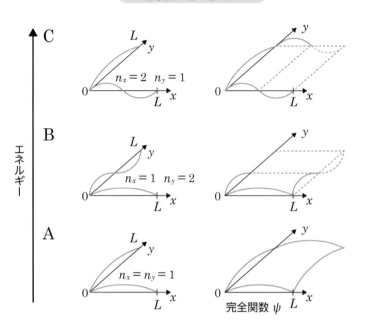

量子数の組み合わせ

完全関数 ψ

エネルギーと縮重

二次元空間を動く粒子のエネルギーは式（13）で求められましたが、この式の意味を見てみましょう。

● 量子数とエネルギー

前節で量子数 $n_x - n_y$ の組が $1-2$ のグラフBと $2-1$ のグラフCを見ました。それぞれのグラフは全く異なっていました。式（14）、（15）がそれぞれの関数とエネルギーです。

$$E_{12} = \left(\frac{h^2}{8mL^2}\right)(1^2+2^2) = \frac{5h^2}{8mL^2} \qquad (14)$$

$$E_{21} = \left(\frac{h^2}{8mL^2}\right)(2^2+1^2) = \frac{5h^2}{8mL^2} \qquad (15)$$

両エネルギーはどちらも $\frac{5h^2}{8mL^2}$ であって、全く等しいことがわかります。

このように、幾つかの互いに異なる関数が全く同じエネルギーを持つとき、これらの関数を縮重関数といい、関数が互いに縮重しているといいます。今回のように2個の関数が縮重することを二重縮重といい、3個、4個が縮重したときには三重、四重縮重といいます。後に見るように、原子では何重にも縮重した関数が存在します。

● エネルギー準位

　次の図は二種類の量子数 n_x、n_y の組み合わせによって生じる
いろいろの波動関数のエネルギーを表したものです。

　図では $E_0 = \dfrac{h^2}{8mL^2}$ を単位として表してあります。エネルギー
単位で5、10、13などでは線が2本ずつ引いてありますが、これ
は同じエネルギーの関数が2個ある、すなわち二重縮重の関数で
あることを示しています。$n_x = n_y$ となって2個の量子数が等し
くならない限り、必ず二重縮重関数が現れることがわかります。

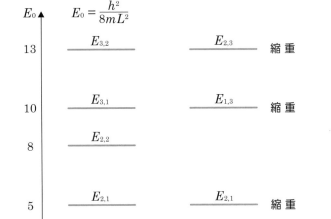

エネルギー準位図

エネルギーと縮重

● 縮重の解除

　関数に外部から力（影響、条件）を加えるとき、この条件変化を量子力学では摂動といいます。摂動によって関数がどのように変化するかは、摂動の種類、関数の種類によって異なります。したがってある条件 A のもとで縮重していた関数 ψ_1 と ψ_2 でも、摂動 a が加わって条件が $A + a$ になったとき、両方の関数 ψ_1 と ψ_2 が同じエネルギー量だけ変化して縮重状態が維持されるとは限りません。

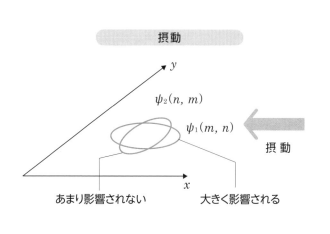

　縮重軌道のエネルギーが異なることになったとき、縮重が解けたといいます。

　例えば、2個の楕円関数 ψ_1 と ψ_2 を比べてみましょう。この2個の関数に x 軸方向から、系を不安定化するような摂動（力）を加えたとしてみます。

ψ_1とψ_2ではx軸方向の成分量が違いますから、両者の間では摂動から受ける影響に違いが出ます。x軸成分の多いψ_1が大きく影響を受け、その結果エネルギーが大きく上昇します。それに対してx軸成分の少ないψ_2は影響が少なく、上昇分は少なくなります。

　その結果、摂動の無いときにはエネルギーが等しくて縮重していた2個の関数は、摂動を受けた結果エネルギーが異なり、縮重が解けることになります。

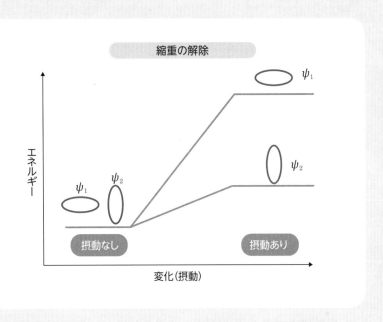

三次元空間の粒子運動と極座標

二次元空間にもう一つの次元を加えたら三次元空間になります。三次元空間というのは私たちの日常生活の空間であり、光子、電子はもとより、原子、分子の空間です。

化学は物質を扱う研究領域であり、研究対象は光子から分子に至る微粒子であり、全ては三次元空間の居住者たちです。三次元空間を量子力学で究明する、論理学的にいえば記述するのが量子化学の目的です。

● 三次元空間の粒子運動

とはいうものの、第2章の一次元（直線上）、本章でこれまでに見た二次元（平面上）の粒子運動の解析を見れば想像できる通り、二次元空間から三次元空間への拡張に関して、量子力学的に新しいことは何もありません。機械的に二次元（xy座標）を三次元（xyz座標）に拡張すればよいだけです。

したがって、関数、エネルギーを改めて示す必要はありませんが、一応、書籍としての体裁上、示しておきましょう。三次元空間を運動する粒子の波動関数は次式（16）で与えられ、全く同様にエネルギーは式（17）で与えられます。

$$\psi(x, y, z) = \psi(x) \cdot \psi(y) \cdot \psi(z)$$

$$= \left(\frac{2}{L}\right)^{\frac{3}{2}} \sin n_x \frac{\pi x}{L} \cdot \sin n_y \frac{\pi y}{L} \cdot \sin n_z \frac{\pi z}{L} \qquad (16)$$

$$E_{n_x n_y n_z} = \frac{h^2(n_x{}^2 + n_y{}^2 + n_z{}^2)}{8mL^2} \qquad (17)$$

　これで三次元空間の量子力学的取り扱いはおわりなのですが、量子力学を量子化学に翻訳する時に、座標変換という問題が起こります。原子、分子などが三次元空間の居住者であることは間違いないのですが、原子は、実は誰も見たことはないものの、球状と考えられており、それは多分、間違いないでしょう。

　そして、このような球状の物体を科学的に取り扱う場合には、ここまでお付き合いしてきた直交座標（x, y, z）より、極座標を用いた方が便利でわかりやすいという実利的な利便性があります。ということで、本書の本質である量子化学では極座標を用いるのが一般的でした。

　もちろん、「俺は直交座標が好きだから直交座標で行く」というのならそれで結構です。両座標の変換式はどこにでも書いてありますから、変換に問題はありませんが、その後の解釈が混乱します。最初は戸惑っても、極座標に慣れるのが絶対に賢明です。

　ということで、極座標を紹介しておきましょう。図は直交座標と極座標を同じ図で表した物です。電子 e の位置を表すのに、直交座標では（x, y, z）の数値、つまり原点からの三つの距離を用いて表します。

　それに対して極座標では一つの距離（r）と二つの角度（θ と φ）を用いて表すのです。どちらの座標でも、粒子の位置を正確に表

すことができるのは保証付きです。この表示法で表すと波動関数、エネルギーは次のようになります。

$$\psi(x, y, z) = \psi(r, \theta, \varphi)$$
$$= R(r)\,\Theta(\theta)\,\Phi(\varphi) \qquad (18)$$
$$E(x, y, z) = E(r, \theta, \varphi)$$
$$= E(r) + E(\theta) + E(\varphi) \qquad (19)$$

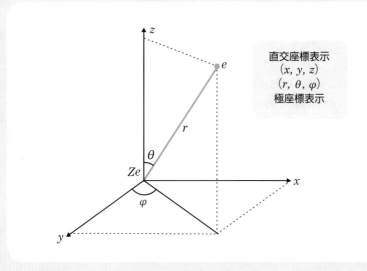

直交座標表示
(x, y, z)
(r, θ, φ)
極座標表示

参考文献

『構造有機化学』　齋藤勝裕　三共出版　（1999）

『絶対わかる化学結合』　齋藤勝裕　講談社（2003）

『絶対わかる量子化学』　齋藤勝裕　講談社（2004）

『絶対わかる物理化学』　齋藤勝裕　講談社（2003）

『物理化学』　齋藤勝裕　東京化学同人（2005）

『有機化学のしくみ』　齋藤勝裕　ナツメ社（2004）

『物理化学のしくみ』　齋藤勝裕　ナツメ社（2008）

『絶対わかる有機反応』　齋藤勝裕　講談社（2008）

『絶対わかる有機反応の実際』　齋藤勝裕　講談社（2008）

『数学いらずの分子軌道論』　齋藤勝裕　化学同人（2007）

『数学いらずの化学結合論』　齋藤勝裕　化学同人（2009）

『有機ＥＬと最新ディスプレイ技術』　齋藤勝裕　ナツメ社（2009）

『有機構造化学』　齋藤勝裕　東京化学同人（2010）

『マンガ＋要点整理＋演習問題でわかる 量子化学』　齋藤勝裕　オーム社（2012）

『マンガ＋要点整理＋演習問題でわかる 物理化学』　齋藤勝裕　オーム社（2012）

『わかる化学結合』　齋藤勝裕　培風館（2014）

『ゼロからわかる構造化学入門』　齋藤勝裕　技術評論社（2016）

『数学フリーの化学結合』齋藤勝裕　日刊工業新聞社（2016）

『ベンゼン環の化学』　齋藤勝裕　技術評論社（2019）

『有機ＥＬ＆液晶パネルの基本と仕組み』　齋藤勝裕　秀和システム（2020）

著者紹介

齋藤 勝裕（さいとう・かつひろ）

1945年5月3日生まれ。1974年、東北大学大学院理学研究科博士課程修了、現在は名古屋工業大学名誉教授。理学博士。専門分野は有機化学、物理化学、光化学、超分子化学。主な著書として、「絶対わかる化学シリーズ」全18冊（講談社）、「わかる化学シリーズ」全16冊（東京化学同人）、「わかる×わかった！ 化学シリーズ」全14冊（オーム社）、『マンガでわかる有機化学』『毒の科学』『料理の科学』（以上、SBクリエイティブ）、『「発酵」のことが一冊でまるごとわかる』『「食品の科学」が一冊でまるごとわかる』『元素がわかると化学がわかる』（以上、ベレ出版）など。

●──ブックデザイン・DTP　　三枝 未央

「量子化学」のことが一冊でまるごとわかる

2020年5月25日	初版発行
2024年5月27日	第3刷発行

著者	齋藤 勝裕
発行者	内田 真介
発行・発売	ベレ出版 〒162-0832　東京都新宿区岩戸町12レベッカビル TEL.03-5225-4790 FAX.03-5225-4795 ホームページ　https://www.beret.co.jp/
印刷	モリモト印刷株式会社
製本	根本製本株式会社

ISBN 978-4-86064-619-6 C0043　　　　　　　　　　　編集担当　坂東一郎

「発酵」のことが一冊でまるごとわかる

齋藤勝裕 著　●Ａ５並製　本体価格1,500円
ISBN 978-4-86064-571-7

発酵食品にはどんなものがあるでしょうか。味噌、醤油、納豆、かつお節、漬物など、日本古来の食品はもちろん、パンやチーズ、ヨーグルト、ソーセージ、ピクルスなど、世界中に様々なものがあります。さらに、日本酒、焼酎、ビール、ワイン、ウイスキーなどの酒類もみんな発酵食品です。本書では、化学者である著者が、炭水化物やタンパク質、微生物などの基礎知識から始まり、調味料、肉、魚、植物、乳製品など、それぞれの食品の発酵のしくみを易しく解説していきます。そして、農業やエネルギー、現代化学産業と発酵技術の関わりにも言及していきます。

「食品の科学」が一冊でまるごとわかる

齋藤勝裕 著　●Ａ５並製　本体価格1,600円
ISBN 978-4-86064-593-9

肉を加熱すると硬さが変化します。60℃までは温度が高くなるにつれてやわらかくなります。しかし60℃を越えると急激に硬くなり、75℃を越えると再びやわらかくなります。お肉をやわらかい状態で食べたいときは焼き過ぎないのがコツのようです。これにはもちろん理由があります。肉を形成している3種のタンパク質の熱変性の違いによるものです。このように、普段なにげなく、経験的に知っているような食品にまつわる特徴も、すべて科学で説明できるのです。本書は、すべての食材に含まれる「水」の説明からはじまり、さまざまな食品にまつわる科学について、易しく解説した入門書です。

「物理・化学」の単位・記号がまとめてわかる事典

齋藤勝裕 著 　●A5並製　**本体価格1,700円**
ISBN 978-4-86064-527-4

物理の世界では「単位」の知識が不可欠で、むしろ、単位の意味がわかれば物理の内容についても理解することができるといえます。化学のジャンルでも、元素など「記号」の意味をしっかり考えながら理解できるようまとめました。まず第0章で単位、文字の基本的な知識を整理します。第1章から第7章でSI単位について学び、以降の章から量子の世界、周期表、工学、宇宙などにまつわる単位をわかりやすくまとめています。自宅の机や本棚に置いておきたい一冊です。

「高校の化学」が一冊でまるごとわかる

竹田淳一郎 著 　●A5並製　**本体価格1,900円**
ISBN 978-4-86064-567-0

「化学は暗記科目だからつまらない」と思い込んでいる人は少なくありません。しかし、さまざまな人生経験を経てから向き合う「化学」は学生の頃に出会った時とはまったく違った表情を見せてくれます。あんなに無味乾燥に感じられたものが、ものすごく意味を持ったものに見えてくるのです。化学が社会のあらゆるところで活躍し、身の周りの様々なことにも関わっていることを身をもって学んできたからこそ感じられる変化だと思います。化学は大人になってからのほうが面白い。本書は高校で学ぶ化学を完全に網羅し、その基礎をしっかり学べる一冊です。

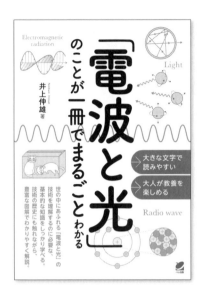

「電波と光」のことが一冊でまるごとわかる

井上伸雄 著　●A5並製　本体価格1,600円
ISBN 978-4-86064-549-6

いまの世の中は「電波」で成り立っているといっても過言ではありません。ラジオ、テレビ、携帯電話、Wi-fi、Bluetoothなど、あらゆる場面で電波は欠かせないものとなっています。電波と同じく電磁波の一種である「光」についても同様です。照明としての光だけでなく、その特性を生かした活用がされており、フォトニクスとよばれる光工学として、光通信や光半導体、光デバイスなど、実用化が進められている技術が多く、非常に注目されています。本書はこれら最先端技術を支えている「電波と光」の最も基本的な知識を読みやすく、わかりやすくまとめ、その先の技術を見据えていくことを目指した一冊です。

「生物」のことが一冊でまるごとわかる

大石正道 著　●A5並製　本体価格1,500円
ISBN 978-4-86064-546-5

学校で習う「生物」にはあまり興味を持てず、暗記科目と割り切って付き合ってきた人も少なくないと思います。しかし、じつは「生物」は、ひとたび試験のための暗記などから解放されると、わくわくするような興味深い話題に溢れた、純粋に面白いものなのです。そして何より、恐ろしいほどの可能性を秘めた分野といえます…。本書では、生命が誕生して人類が現れるところから始まり、細胞のしくみや遺伝子とDNAなど、生物学の基礎をしっかり学ぶことができます。その上で、最新のトピックにも触れ、生物学の持つ可能性も感じることができます。誰もが手に取りやすく、大きな文字で読みやすい、大人が教養を楽しめる一冊です。